Data-Driven Remaining Useful Life Prediction and
Maintenance Decision-Making Technology

数据驱动的剩余寿命预测与维护决策技术

U0236407

陆宁云　陈闯　姜斌

等著

化学工业出版社

·北京·

内 容 简 介

本书重点关注数据驱动的剩余寿命预测与维护决策技术，针对复杂装备的智能运维需求提供了一种较为完整的解决方案。全书共 10 章：第 1 章介绍了剩余寿命预测与维护决策的国内外研究现状和发展趋势；第 2～4 章分别介绍了基于多变量模型、基于相似性模型以及基于随机过程模型的典型的剩余寿命预测方法；第 5～10 章介绍了考虑安全风险规避、预测不确定性、维修不确定性以及维修资源约束下的预测维护方法。本书内容由浅入深，语言通俗易懂，注重实践性，并紧跟领域研究的前沿发展，为读者提供既丰富又实用的专业内容。

本书可作为控制科学与工程、工业工程等学科的师生参考用书，同时对装备健康管理、安全保障等领域的科研人员及工程技术人员具有一定的参考价值。

图书在版编目（CIP）数据

数据驱动的剩余寿命预测与维护决策技术 / 陆宁云等著． -- 北京 ： 化学工业出版社，2024．10． -- ISBN 978-7-122-46686-0

Ⅰ．TB4

中国国家版本馆 CIP 数据核字第 2024CK4793 号

责任编辑：金林茹 　　　　　　　文字编辑：王　硕
责任校对：宋　夏 　　　　　　　装帧设计：刘丽华

出版发行：化学工业出版社
　　　　　（北京市东城区青年湖南街 13 号　邮政编码 100011）
印　　装：河北延风印务有限公司
787mm×1092mm　1/16　印张 11¼　彩插 4　字数 238 千字
2025 年 2 月北京第 1 版第 1 次印刷

购书咨询：010-64518888 　　　　　　售后服务：010-64518899
网　　址：http://www.cip.com.cn

定　　价：79.00 元

前言

任何一个工程装备或工业系统都无法避免长时间运行所带来的老化问题。当系统关键部件发生性能退化时，若未及时发现并采取恰当的维护措施，将有可能引发整个系统的功能失效或任务中止，严重时甚至导致人员伤亡和重大财产损失。以剩余寿命预测和维护决策优化为核心支撑的预测与健康管理技术，能够通过实时状态监测、异常工况检测、故障诊断与隔离以及剩余寿命预测，在故障发生之前或故障发生后的早期阶段，通过及时恰当的维护或维修，提高装备全生命周期的运营安全性、可靠性和经济性。随着人工智能和新一代信息技术的发展，数据驱动的剩余寿命预测与维护决策成为预测与健康管理领域的研究热点，能在难以获取准确的装备退化失效机理时，通过挖掘、分析装备运行的状态监测数据，实现较为准确的剩余寿命预测和最优维护决策。

本书基于南京航空航天大学姜斌教授领衔的"智能诊断与健康管理"科研团队十余年来的工作积累，结合国内外最新研究成果，较为全面系统地介绍了数据驱动的装备预测维护技术，并通过若干案例对相关方法和技术的基本原理及实施过程进行了解释说明。全书围绕装备剩余寿命预测和维护决策优化这两个密切关联的主题，建立比较完整的内容体系；针对理论研究和实践应用中存在的问题，给出了针对性解决方案，并做了案例分析与研究。全书内容设置如图1所示。

全书由南京航空航天大学的姜斌教授、陆宁云教授，东南大学的吕建华教授，南京工业大学的陈闯博士和王村松博士，以及上海大学的李洋博士共同编写完成。编写过程中得到了德国杜伊斯堡-埃森大学的 Steven Ding（丁先春）教授、加拿大约克大学的 George Zhu（朱正宏）教授、意大利米兰理工大学的 Enrico Zio 教授、意大利费拉拉大学的 Silvo Simani 教授、香港科技大学的 Furong Gao（高福荣）教授、东北大学的王福利教授等国内外相关领域著名学者的指导和帮助，特别感谢他们针对本领域的前沿问题与南京航空航天大学团队开展人才联合培养和科研项目合作。

本书的相关研究工作得到了国家重点研发计划项目（2021YFB3301300）、国家自然科学基金（62273176、62203213、62373104）、航空科学基金（62020106003）、航空航天结构力学及控制全国重点实验室基金（MCMS-I-0521G02）等的资助，在此表示诚挚感谢。

装备预测与健康管理是一个新兴的前沿技术领域，笔者对该领域的认知和积累有限，书中难免存在不足之处，恳请广大读者批评指正。

著　者

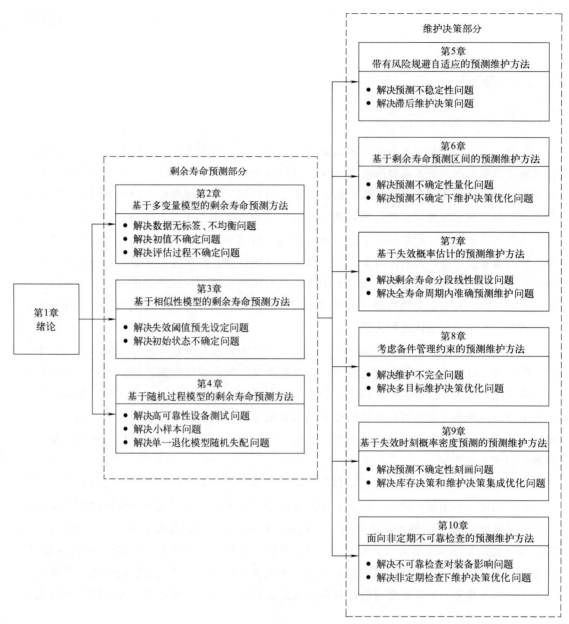

图 1　全书内容设置

目录

参考文献
162 ————

第1章　绪论

1.1　装备维护保障的必要性和重要性

"工欲善其事，必先利其器。"在当前全球竞争加剧的时代，无论是工业生产领域的高端设备还是国防军事领域的先进装备，其发展趋势都是更加注重智能化、集成化、精益化、绿色化。具有感知、决策和执行等能力的智能装备已经成为一个企业乃至一个国家保持核心竞争力的战略力量之一。然而，任何一个工程装备都无法避免长时间运行所带来的性能衰退和故障失效问题。装备运行过程中必然承受部件磨损、老化、疲劳、系统功能设计缺陷等内部因素以及高低温、振动、冲击、腐蚀、辐射等极端环境和交变载荷等外部因素的综合影响，装备发生故障是不可避免的，轻则降低装备性能或中断其任务执行，重则可能导致人员伤亡和重大经济损失。装备维护保障技术一直以来都是学术研究和行业关注的热点，是确保系统安全性、可靠性、可用性的重要手段之一[1-7]。

特别是航空器、航天器、深潜器、高速列车等智能化装备，对装备运行安全性、可靠性、精密性、稳定性的要求极为严苛，但因系统高度复杂，一旦发生突破安全组件保护功能的故障，通常会引起灾难性事故。例如，2006年10月29日，某大型通信广播卫星在发射升空过程中，由于卫星定点过程中的技术故障，太阳能帆板未能二次展开，卫星无法正常工作，此事故造成直接财产损失20亿元人民币以上。2018年10月29日和2019年3月10日，在不到半年的时间里，波音737 MAX 8型客机连续失事，两起空难的事故原因是飞行控制系统的设计缺陷和机动特性增强系统（MCAS）的攻角传感器故障。2023年6月22日，"泰坦"号深潜器发生水下解体，5名乘员全部遇难，事故原因是结构设计缺陷和船体材料疲劳问题。惨痛的事故案例反复提醒我们，及早地发现装备运行中的异常并采取有效维护措施，消除潜在的安全隐患是保证装备安全可靠运行的关键。对于可修复的复杂装备，通过适时、适当的维修保养，特别是在故障早期阶段实现故障的准确诊断以及装备剩余寿命的可靠预测，能极大降低甚至有可能完全避免装备发生故障。

近年来，除了考虑安全性和可靠性等因素，装备维护保障的经济性也成为行业关注焦点。据统计[8-9]，设备维修成本可以达到一个企业运营总支出的 15%～70%。早在 1981 年，美国企业针对重要设备的维护费用就达到了 6000 亿美元，20 年内该数字又增长了 20 倍；德国企业在维护方面的花费占到其 GDP 的 13%～15%；我国各类重大装备年维护费用占资产总额的 7%～9%。另外，不合理的维护措施抑或不当的维护资源管理，将会影响装备整个生产运营过程并造成维护资源的极大浪费。国外的一项调查表明[10]，将近 50% 的维护维修是多余的、没必要的，甚至可能是有害的。因而，现代的维护保障技术，更加关注如何为特定装备选取最恰当的维护方式、安排最合理的维护计划，在确保装备具有高可靠性和可用度的同时降低装备全生命周期内的运行维护成本[11]。

1.2　剩余寿命预测与维护决策的相关概念

装备维护，广义上可以描述为所有以提升装备安全性、可靠性、可用性等指标为目的的技术和管理行为的组合；狭义上主要指为使装备维持正常工作状态或从异常状态恢复到正常工作状态，所开展的专项检查保养、老化部件替换、软件更新等措施[12]。

根据实施维护活动的时机，可将维护分为事后维护（corrective maintenance，CM）和预防性维护（preventive maintenance，PM）。事后维护是指在装备发生故障后进行排障维修；预防性维护是指在装备没有发生故障的前提下开展维护性活动以防止功能性故障发生。根据维护决策所需要的信息类型，又可将预防性维护分为定时维护（time-based maintenance，TBM）、视情维护（condition-based maintenance，CBM）和预测维护（predictive maintenance，PdM）。

图 1.1 为三种预防性维护策略的内涵示意图。其中，定时维护是以固定的时间间隔实施维护活动，视情维护是以固定的健康状态阈值触发维护活动，而预测维护则根据装备健康状态趋势或剩余寿命的预测信息来规划未来一段时间的维护活动。

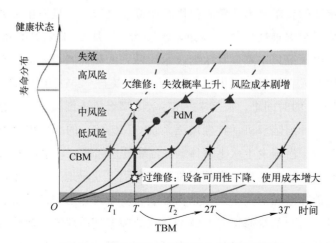

图 1.1　三种预防性维护策略内涵示意图

定时维护活动具有良好的实施便利性，目前仍然是大多数行业普遍采用的装备维护保障方式。但其所设定的维护间隔高度依赖于大样本下群体寿命分布特性的先验估计，同时也假设在役装备投入使用时具有良好的质量一致性。由于没有考虑装备个体在实际使用场景下健康退化的差异性，因而定时维护策略既存在保守性（过维修现象，即装备状态良好时就进行维修），又不能完全避免故障的发生（欠维修现象，即装备在实施预防性维护前发生了失效故障）。显然，过维修会造成设备可用性下降、使用成本增大，欠维修则使设备失效概率上升、风险成本剧增。

视情维护是许多行业正在着力推广的一种维护策略，该策略根据装备个体的健康状态实施个性化的维护方案，以期减少不必要的预防性维护。但由于状态触发下的维护活动无法提前统筹维护保障资源，而装备维护活动又必然受到维护资源（如人员、工具、场地、备品备件等）可用性和经济性等方面的多种约束，实际上视情维护策略很难实现维护决策的全局最优性，因而比较适用于长寿命、低故障率的重大装备。

维护决策不仅要对已发生或未来可能发生故障的装备实施维护，而且要综合考虑资源损耗、维护成本和生产效益等之间的相互约束，因此需要更长的时间决策窗口，制定特定任务目标下的全局最优维护策略。以剩余寿命预测为核心技术的预测维护，是当前最新的维护策略，通过对装备未来运行状态的预测，制定更为灵活、更加精准和更多目标下的最优维护方案。

剩余寿命，也称剩余使用寿命（remaining useful life，RUL），是评价装备健康状态和可靠性的重要特征指标。从广义上来说，剩余寿命指的是装备正常工作一段时间后，能够继续正常运转的时间。从狭义上讲，它是装备从当前时刻到发生各类故障时的预计持续正常工作时间。图 1.2 为剩余寿命预测的示意图，即根据装备退化失效机理、运行状态实时监测数据等信息，估计装备从当前时刻到未来失效时刻之间的时间长度。

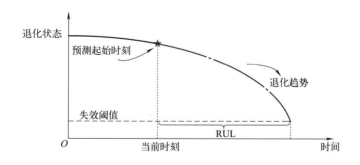

图 1.2　剩余寿命预测示意图

近年来，预测性维护技术已成为各行业的关注焦点，其主要思想来源于美军在联合攻击机（joint strike fighter，JSF）项目中提出的故障预测与健康管理（prognosis and health management，PHM）思想[13-14]。PHM 旨在在恰当的时机，对准确的部位，采取正确的维修活动，实现经济承受性、杀伤力、生存性和保障性综合目标。2000 年，

PHM 被列入美国国防部军用关键技术报告，美国防务采办文件已将 PHM 系统作为采购武器系统的强制性要求。美军其他军兵种也相继研发了类似的以预测为核心的装备自主保障系统[6]，譬如直升机健康与使用监控系统（HUMS）、飞行器综合健康管理（IVHM）等。

近些年，我国广泛开展了剩余寿命预测与维护决策（简称预测维护）相关技术的研究。国产 C919 大飞机上部署了我国第一代飞机 PHM 系统[15-16]，该系统由中国航天科工集团公司一院研制、航天测控技术有限公司生产。然而，该 PHM 系统目前主要是对飞机重要参数变化趋势进行预测和对健康状态进行评估，从本质上仍属于基于状态监测的视情维护范畴，尚未真正实现基于预测的维护决策。

1.3 剩余寿命预测研究现状与趋势

从技术方法上讲，现有的剩余寿命预测方法可以粗略分为三类：物理模型方法、数据驱动方法和混合方法，如图 1.3 所示。

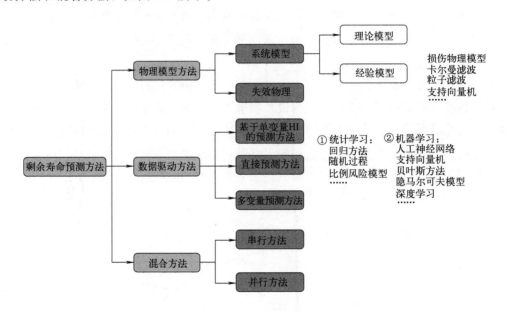

图 1.3 剩余寿命预测技术分类示意图

(1) 物理模型方法

一类常用的物理模型方法，通常是对装备内部运行机理进行研究，建立能够反映部件、子系统或系统退化发展变化规律的系统模型。物理模型一般可分为理论模型与经验模型。如图 1.4 所示，一个精确的系统模型的输出与系统实际运行输出的偏差，能够用于故障的监测与隔离、故障趋势的分析和剩余寿命预测，从而实现故障早期预警和最终的运维决策。然而，这种方法大多应用于具有准确物理模型的部件（如轴承、电池）。例如，文献［17-20］采用卡尔曼滤波或粒子滤波方法及其改进方法，构建了卫星锂电池退化的状态空间模型，通过对状态递归的更新或者结合支持向量机（support vector machine，SVM）等算法，实现了锂电池的剩余寿命实时预测。随着装备规模的增大，装备退化模式以及装备内部机理变得愈加复杂，构建合理有效的系统模型是很难实现的。

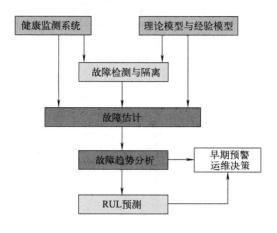

图 1.4 物理模型应用于剩余寿命预测过程示意图

另一大类物理模型方法，通常指基于失效物理（physics-of-failure，PoF）的方法。如图1.5 所示，这类方法利用装备全寿命周期内工作条件，应力情况（温度、气压、机械应力、振动等），故障模式、机理和影响分析（failure modes，mechanisms，and effects analysis，FM-MEA），以及之前其他形式的诱发失效记录，得到装备的 PoF 模型；在此基础上，主要根据装备传感器采集到的监测数据，实现对装备健康状态的评估和剩余寿命的预测。这类方法大多应用于机械部件。例如：文献［21］利用正态分布模拟齿轮的裂纹扩展过程，并且在贝叶斯框架下更新 PoF 模型的参数（PoF 模型最初是由其动力学或有限元模型提供），提出了一种齿轮的健康评估与预测方法，利用系统传感器监测数据，实现了齿轮的实时健康状态监测和剩余寿命预测。这类物理模型方法也很难适用于结构复杂的装备。

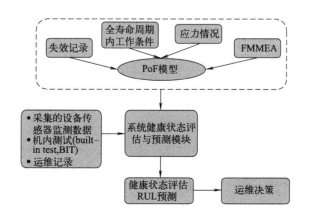

图 1.5 基于 PoF 的健康评估过程示意图

(2) 数据驱动方法

数据驱动方法以采集的监测数据为基础，不需要故障演化过程的精确解析模型，直接对装备的各类可用数据进行分析，通过各种数据处理与分析方法，例如多元统计、聚类分析、频谱分析、小波分析等，挖掘对象装备中隐含的健康状态或退化特征信息。这类方法通常以统计学习和机器学习两大类技术为代表性技术。其中，常用的统计学习技术主要包括：以自回归滑动平均模型为代表的回归方法、以 Gamma 分布和 Winener 分布为代表的随机过程方法、以 Weibull 分布为代表的比例风险模型方法等。相比于统计学习的方法，以机器学习为主要技术的基于数据驱动的方法，已经成为近几年来的研究热点。常用机器学习技术主要包括：人工神经网络、支持向量机、贝叶斯方法、隐马尔可夫模型和深度学习。根据实际应用中实施策略的不同，数据驱动的方法通常可以划分成 3 大分支：基于单变量健康度指标（health index，HI）的预测方法（简称单变量预测方法）、直接预测方法和多变量预测方法。

① 单变量预测方法中，首先需要选取或构建一个单维度能够表征装备退化程度的 HI，如图 1.6 所示。图中，纵坐标的不同颜色代表了装备所处的不同健康状态，蓝色曲线是选取或构建的 HI，选取或构建方法可以分为以下两种。

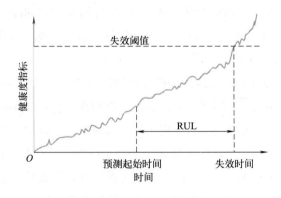

图 1.6 单变量预测方法示意图

一种方法是根据自身对装备失效物理知识的理解，直接选取与装备失效相关的传感器信号作为 HI，这类 HI 被称为物理健康度指标（physics health index，PHI）。例如：文献[22]选取轴承的振动信号作为 PHI，并用此 PHI 描述机械旋转轴承的健康状态；文献[23]选取电子系统的射频阻抗作为 PHI，并将此 PHI 用于预测电子焊点的退化；文献[24]选取发电机定子绕组的电容作为 PHI，并将其用于水冷发电机的故障检测与预测。然而，随着装备复杂性的提高和大量传感器的嵌入，这类方法在实际应用中非常受限。

另外一种方法是利用线性回归、主成分分析、马氏距离等技术建立 HI，这类 HI 被称为综合健康度指标（synthesized health index，SHI），这种方法也是目前最常用的 HI 构建方法。

在获得装备的 PHI 或 SHI 基础上，需要根据知识或专家经验设定装备 HI 不同健康阶段的阈值以及最终的失效阈值（FT）。最后，采用回归分析、ANN（人工神经网络）、SVM 等方法估计装备的实时健康状态，预测退化趋势并且估计最终的剩余寿命。通常来说，HI 构建准确性和合理性会直接影响预测的结果。此外，HI 的构建和 FT 的确定也是 PHM 领域多年来的难点问题，极度依赖应用对象的领域知识，无法用一个统一的方法或体系来解决，是这类方法在实际应用中的掣肘之处。

② 直接预测方法的实现方式通常可以分为两种。一种方式是利用基于距离的相似性度量方法，寻找数据库大量历史样本中与新样本相似性最高的作为参照，预测装备的剩余寿命，如图 1.7 所示。另外一种方式是利用支持向量机回归、深度卷积神经网络等方法，从大量历史样本中学习并且构建装备当前健康状态与寿命终止时间（end of life，EOL）之间的映射关系，利用构建的映射关系预测新样本的剩余寿命。这类方法在样本充足完备的条件下，具有良好的预测性能和方法普适性。然而，这类方法通常会忽略装备健康状态评估和退化趋势预测，无法为装备不同健康状态阶段的维护与维修提供理论上的技术支持。

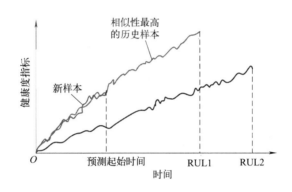

图 1.7 直接预测方法示意图

③ 多变量预测方法是由法国国立高等机械和微技术学院的 E. Ramasso 等在 2010 年最先提出的，基本思想如图 1.8 所示。后来在文献［25-28］中，E. Ramasso 教授对该方法进行了完整的阐述，并且在 NASA（美国航空航天局）航空发动机退化数据集中进行了验证。多变量方法不需要构建 SHI，不需要预先设定健康度阈值，也不需要大量历史样本，而是直接利用装备运行数据，提取和装备健康状态退化相关的特征量；然后，通过聚类方法对装备健康状态的特征量进行聚类，获取装备不同阶段的健康状态聚类中心；再利用基于距离的相似性度量方法，将当前装备样本与各阶段聚类中心比较，评估装备当前所处的健康状态；最后，采用时间序列预测算法，预测装备的退化趋势以及最终的剩余寿命。

与上述两类方法比较，多变量方法虽然具有一定的优势，但是在实际应用中还存在一些问题。例如：这类方法很少考虑装备处于不同健康状态阶段的剩余运行时间和预测过程中存在的不确定性，不能为装备不同健康状态阶段采取或制定相应的维护与维

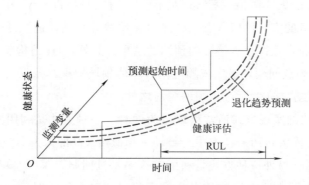

图 1.8　多变量预测方法示意图

修策略。

(3) 混合方法

混合方法综合了物理模型方法和数据驱动方法的优势，通常会使健康评估结果更加精确。这类方法在实际应用中通常有以下两种实现方式。

第一种实现方式被称为"串行方法"，如图 1.9（a）所示。它是根据装备内部运行机理或退化机理，构建相应的物理模型用于健康评估与预测，在进行健康评估与预测过程中，再利用数据驱动方法不断修正、更新装备的物理模型。例如：文献［29］提出了一种数据驱动方法与粒子滤波方法混合的健康状态评估方法。其中，粒子滤波方法被用于装备状态估计，并且采用贝叶斯学习方法辨识预测模型的参数；同时，数据驱动方法利用历史数据学习装备退化模式，预测装备未来的测量值，进而用于更新长期预测中粒子的权重，实现剩余寿命预测。

另一种实现方式被称为"并行方法"，如图 1.9（b）所示。它是将物理模型方法和数据驱动方法融合，进行装备的健康评估与预测。例如：文献［30］综合了增强的多维度自回归方法与修正的裂纹扩展模型，提出了一种新的轴承缺陷检测与剩余寿命预测方法。

混合方法需要精确的物理模型、大量的数据甚至丰富的专家经验，实现过程相对复杂，实际应用较少，一般也只用于简单的部件。与物理模型方法类似，这类方法很难适用于物理模型复杂的装备。

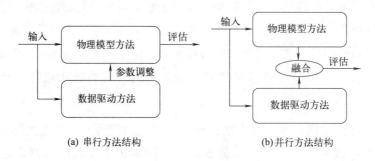

(a) 串行方法结构　　　　　　　　(b) 并行方法结构

图 1.9　混合方法结构

现有的不同类型剩余寿命预测方法，根据是否需要退化过程模型、失效阈值以及使用范围等对比因素，可以进行综合比较，比较结果如表 1.1 所示。从表中可以发现，数据驱动的剩余寿命预测方法更加适用于结构复杂、拥有大量监测数据的现代装备，是目前 PHM 领域的主要研究方向。

表 1.1　不同剩余寿命预测方法比较

对比因素	物理模型方法	数据驱动方法			混合方法	
		单变量方法	直接方法	多变量方法	串行方法	并行方法
退化过程模型	需要	不需要	不需要	不需要	需要	需要
失效阈值	需要	不需要	不需要	不需要	需要	需要
适用范围	有限	广泛	广泛	广泛	有限	有限
监测数据	有限寿命	有限寿命	全寿命	全寿命	有限寿命	有限寿命
工况信息	需要	有则最好	有则最好	有则最好	需要	需要
假设(物理/数学)	需要	不需要	不需要	不需要	需要	需要
经验知识	详细	很少	很少	很少	详细	详尽
可解释性	高	低	低	低	中	中
模型复杂度	高	低	低	低	高	非常高
计算复杂度	低	低	中	中	中	高

1.4　维护决策研究现状与趋势

维护决策不仅要对已发生或可能发生异常的装备实施维护，而且要综合考虑资源损耗、维护成本和生产效益等之间的相互关系，进而制定一套最优维护策略，实现装备运行全生命周期内的多目标优化。维护决策的研究始于第二次世界大战，并历经了 20 世纪 50 年代的事后维护、60 年代后逐渐发展成熟并普遍应用的定期维护、80 年代提出的视情维护，以及最近面向 PHM 的预测性维护等[31]。如图 1.10 所示。

图 1.10　维护策略的发展历程

(1) 事后维护策略

事后维护，也称运行至故障的维护、修复性维护或反应性维护，是一种用于在装备发生故障后恢复（修理或更换）其所需功能的策略。在这种维护策略中，维修人员首先需要找到装备发生故障的具体部位，继而利用人工智能或模糊推理等技术确定故障模式；根据确定的故障模式以及现有的资源，维修人员对装备进行维护或更换。为了帮助维修人员判断实施修理还是更换活动，通常需要考虑装备的维护成本、维护时间、维护次数等各类不同的约束。相应地，事后维护策略可分为：维护成本受限的事后维护策略、维护时间受限的事后维护策略、维护次数受限的事后维护策略以及年龄受限的事后维护策略等[32]。

维护成本受限的事后维护策略的基本思想是：当装备发生故障后，评估即将实施维护活动的成本或成本率，如果维护的成本或成本率高于某一设定的阈值，那么直接更换此装备；反之，对装备实施修理[33]。文献［34］指出，基于一次成本评估的维护决策具有局限性，为了提升维护决策的准确性，可将长期维护成本率作为受限对象，开发一种基于长期维护成本率受限的事后维护决策模型。

维护时间受限的事后维护策略的基本思想是：装备发生故障后，对维修人员的业务水平进行评估，如果维修人员能够在规定时间内完成故障消除工作，将实施修复性维护活动，否则直接更换故障装备[35]。在此基础上，文献［36］进一步讨论了订货交付时间和不完全维护时间受限情况下的系统更换问题，提出了一种非参数维护受限更换模型。文献［37］考虑了新部件的运输和安装时间，认为当维修人员无法在规定时间内完成修复工作时，将利用新部件直接替换掉原始的失效部件。

维护次数受限的事后维护策略从维护次数角度出发，将装备规划为：在装备前 $k-1$ 次失效之前（包含第 $k-1$ 次失效），对装备实施维护；在第 k 次失效后，直接更换装备[38]。进一步地，文献［39］考虑了累计运行时间和维护次数同时受限的事后维护策略，提升了装备运行的经济效益。

文献［40］提出了一种年龄受限的事后维护策略。在此维护策略中，当装备运行时间低于某一设定阈值时，执行简单的维护操作来排除装备故障；否则，更换装备。文献［41］在年龄受限的事后维护策略中引入了不完全维护活动，讨论了此类维护策略下的一种通用决策模型。

事后维护是一种典型的非计划性维护策略。由于装备突然故障，这种策略通常会导致机器停机（生产损失）和维护（修理或更换）成本很高，因而，仅适用于结构简单、可靠性要求不高的装备。

（2）定期维护策略

相比于事后维护策略，定期维护是一种以固定时间间隔执行预防性维护的策略。顾名思义，预防性维护是指为了预防装备突然失效，通过在装备失效前执行一定的维护行动来降低装备故障率或故障频率。在制造业中，设备制造商通常给出了执行定期维护的计划，譬如可在每 1000 小时或每 10 天等固定时间间隔执行预防性维护。然而，当试图最小化运营成本和最大化机器性能时，这种预防性维护计划常常不适用。文献［42］分析了这种不适用性的三个原因：首先，每台机器可能在不同的环境中运行，因此需要不同的定期维护计划；其次，相对于操作、维护机器的一线工作人员，机器设计人员通常不会遇到机器故障，并且对其预防实践知识了解较少；最后，原始设备制造商可能有内部的测试计划，即通过频繁的预防性维护来最大化备件更换量。文献［43］也赞同这样的观点，认为原始设备制造商提议的预防性维护间隔可能并不是最佳的，因为实际操作条件与原始设备制造商考虑的那些条件有很大的区别，因此其提议的预防性维护间隔可能无法满足企业要求。

20世纪50年代，基于真实数据分析的科学方法开始被引入到工业系统的预防性维护中。科学方法涉及各种分析技术运用基本过程和原理，如统计学、数学规划、人工智能等。基于科学方法的预防性维护技术可以划分为两种：基于综合的技术和基于特定的技术。

基于综合的技术涉及维护概念开发过程，可定义为基于经验、基于时间、基于条件等一组维护干预以及预见这些干预的一般结构[44]。文献［45］指出，维护概念的发展形成了特定维护技术开发框架，并且体现了企业将维护作为运营角色职能的思考方式，譬如以可靠性为中心的维护（reliability-centered maintenance，RCM）、以业务为中心的维护、基于风险的维护、全面生产维护（total-productive maintenance，TPM）以及针对工业管理的维护体系开发框架。

不同于基于综合的技术，基于特定的技术具有解决维护问题的独特原则。以时间为基础的定期维护就是一种典型的基于特定的维护技术，有时也被称为基于时间的维护（time-based maintenance，TBM）。TBM可根据一些装备的故障时间数据估算出装备故障率、平均故障间隔时间、平均修复时间等指标，继而做出预防性维护时间、间隔或次数的决策。文献［46］在可获得历史故障时间数据的基础上提出了一种用于装备定期维护的解析优化方法，构建了一个基于韦布尔分布的不完全预防性维护模型，并在无限时间范围内利用解析的方法确定了最小化预期成本的最佳定期维护次数和维护间隔。文献［47］在有限范围内优化了定期预防性维护活动次数。文献［48］在有限和无限的时间范围内通过最小化维护和更换的总预期成本，确定了一个最小维护更换周期。文献［49］将经济约束形式化为能量或成本函数，将维护周期用作优化控制参数，提出了一种蒙特卡罗方法，评估了经济约束下的电厂维护策略和操作程序的有效性。

当前，定期维护已经是一种被工程领域所普遍接受的计划性维护策略，其根据维护时间间隔长短，又可细分为"大修""中修"和"小修"等不同操作等级。尽管定期维护在工程实施上具有很大的方便性，但现代工程装备的结构复杂性以及设备个体的差异性常导致定期维护策略存在"欠维修"或"过维修"问题。

（3）视情维护策略

视情维护是一种以装备实际运行状态为基础的维护策略，也常被称为基于状态的维护（CBM）。在视情维护策略中，装备运行状态可根据振动、温度、润滑油、污染物、噪声水平等各种监测参数进行测量。实施视情维护的基本动机是：99%的设备在故障之前都存在某些迹象，因此，为了更好地进行装备健康管理，进而降低寿命周期运营成本以及避免灾难性故障，需要进行视情维护。视情维护的核心是装备的状态监测过程，在此监测过程中需要使用某种特定类型的传感器或其他适当的指示器持续地监测装备退化信号。因此，相关维护活动仅在"需要时"进行。相比于定期维护策略，视情维护决策模型如果建立得当，可有效避免不适当的干预，显著减少装备停机时间[50-53]。

视情维护决策过程依赖于对装备运行状态的评估。当难以获得装备的精确测量值时，通常采用 Markov（马尔可夫）过程、半 Markov 过程、隐 Markov 模型等离散建模技术描述装备的运行状态；反之，对于退化过程中表现出连续退化的装备，其运行状态可采用 Gamma 过程、Wiener 过程、逆高斯过程等连续随机退化过程模型进行描述。

对于离散过程的退化建模，文献［54］考虑了随机失效和劣化引起的失效，利用 Markov 过程计算了状态概率，并基于最大化单个部件的可用性确定了平均预防性维修时间的最优值。文献［55］考虑了服从 Markov 退化以及在受控环境中装备的最优更换问题，提供了最优控制极限替换策略描述的充分条件。文献［56］利用 Markov 过程描述了武器装备主要部件的退化，通过进一步考虑维护次数、服务时间等要素实现维护策略优化。半 Markov 决策模型是分析具有随机决策期序列决策过程的有力工具。文献［57］为基于状态的预防性维修问题建立了维护策略优化的半 Markov 决策过程，提出了一种检查率与维护策略联合优化的方法。文献［58］利用半 Markov 决策过程开发了风力机维护优化模型。文献［59］将装备故障和维护的随机过程表示为一个连续时间 Markov 链，并在此基础上通过优化冗余选择及检修任务频率实现了利润最大化。

对某些装备来说，很容易区分它们的不同退化状态。但许多其他装备的退化是随着时间的推移逐渐进行的，并且很难对多个状态进行分类，因此，将此类装备建模为连续状态系统更为现实。视情维护已广泛应用于持续退化的装备，因为可以通过安装在装备内部的传感器获得更多状态信息。某些装备的退化过程是不可逆的，即当退化以累积损伤的形式（如蠕变、裂纹增长、腐蚀、膨胀等）出现时，Gamma 过程是一个合适的模型。文献［60］利用 Gamma 过程建立了随时间单调变化的装备退化模型，并构建了两种不完全修复模型，实现了退化装备的维护决策优化。文献［61］利用物理侵蚀模型和 Gamma 过程解释了锅炉换热器管厚度退化过程中的不确定性，进而通过预测装备运行中关键事件的概率，实现了锅炉的视情维护。文献［62］考虑了 Gamma 退化过程相关参数与时间不确定性之间的复杂相互作用，细化了信息分析的贝叶斯值，实现了对检查和维护计划的价值评估。相对于 Gamma 过程，Wiener 过程适用于描述装备的非单调退化过程。文献［63］利用 Wiener 随机过程讨论了面向任务系统的视情维护决策优化。文献［64］利用 Wiener 过程描述了元动作单元的性能退化，同时考虑到维护质量随维护次数增加而逐渐恶化且具有随机性的情况，采用贝塔分布建立了不完全预防性维护质量模型。类似于 Gamma 过程，逆高斯过程也能够描述装备的单调退化。文献［65］利用逆高斯过程描述了产品群体中的异质性特征，进而在考虑产品役龄和退化的情况下，开发了一种以检测间隔为优化目标的视情更换模型。文献［66］利用逆高斯过程刻画了油气管道的腐蚀特性，通过构建维护决策模型，优化了被腐蚀油气管道的更换时间。然而，由于逆高斯过程存在直观物理解释上的困难性，因而基于逆高斯过程的视情维护策略研究成果较少。

（4）预测性维护策略

随着现代工程装备对可靠性、可用性、可维护性和安全性的要求越来越高，维护决策越来越重要，而传统的维护策略显得越发苍白无力且有些过时。此外，"工业 4.0"为预测性维护在实践中的广泛发展提供了更为便利的支持。譬如，智能传感器的使用为装备实时监控提供了可靠的解决方案。管理者有了这些信息，就可以更有效地计划维护活动，以减少机器停机时间并改善生产流程。与视情维护不同，预测性维护需要利用装备健康预测信息（如剩余寿命、健康状态等）来规划维护活动。是否在维护决策时引入预测这一概念，是区分视情维护和预测性维护的重要依据。

相比于视情维护策略，预测性维护决策方法更为有效，因为它进一步考虑到了装备剩余寿命、备件存储状态、维护人员水平等各方面因素，所得到的维护优化结果更加精准[67]。当前，信息、通信以及计算机技术（例如物联网和射频识别）的快速发展使预测性维护应用程序变得更加高效、适用且负担得起，从而更加普遍适用于各种行业。对远程维护和电子维护的研究也一直支撑着预测性维护研究，尤其是解决了在不安全工作环境和分散地点中的预测维护问题。文献［68］系统性地回顾了预测性维护在"工业 4.0"中的最新进展，提出了一种在"工业 4.0"环境中的监控分类法，同时强调了预测性维护涉及的多学科性以及集成的必要性。文献［69］详细综述了用于预测性维护的机器学习方法，阐述了机器学习技术在预测性维护应用中面临的挑战和机遇。除了机器学习技术之外，文献［70］认为深度学习也是支撑未来预测性维护应用的非常有前景的技术，并比较了六种机器学习和深度学习算法的适用性和优缺点。

从综述文献［69］、［70］以及 1.3 节关于剩余寿命预测研究现状与趋势的分析中可以看出，用于预测性维护决策的预测技术已经被广泛研究，包括基于机器学习的剩余寿命预测方法、基于深度学习的剩余寿命预测方法；然而，关于如何利用预测的剩余寿命信息来规划包含维护资源管理在内的维护活动的研究很少被涉及。有限的几篇相关文献中，文献［71］利用随机滤波理论推导了装备的剩余寿命概率分布，通过考虑时间相关性和不完全维护效果，开发了以预防性维护阈值和预防性更换阈值为决策变量的维护优化模型；文献［72］基于 Wiener 过程考虑了不完全维护对装备退化率和退化量的双重影响，推导了剩余寿命概率分布，构建了不完全维护优化模型，确定了最优的检测间隔和预防性维护阈值；文献［73］考虑了从数据驱动预测到维护决策的一个完整过程，利用 LSTM 网络估计了装备在不同时间窗口内的故障概率，并基于估计的故障概率设计了包含维护决策和库存决策在内的两个决策规则。迄今为止，数据驱动的剩余寿命预测建模与预测性维护决策的联合研究仍处于初步阶段，有必要进一步深入探索。

第2章 基于多变量模型的剩余寿命预测方法

2.1 概述

通常，引发装备健康状态发生变化的故障可以分为四类（图 2.1）：突变故障、瞬态故障、间歇性故障和渐变故障。突变故障一般由硬件突发损坏所引起，通常导致部件完全损坏并需要及时维修或替换损伤部件。瞬态故障是一个部件的暂时性故障状态，而间歇性故障是指重复发生的瞬态故障。与前三类故障相比，渐变故障是由部件老化、机械摩擦增加、外部冲击等因素所引起的缓变故障，初始阶段不易被检测到。

工程实践中，传感器的测量噪声、外部环境的干扰、不同工况的连续切换、闭环系统的补偿等因素，使得以渐变故障形式呈现的装备退化难以被察觉[74-77]。部件退化的影响会在闭环系统中传播，最终演化为分系统或整机的失效故障，威胁整个装备的安全服役。

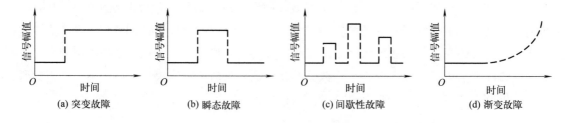

图 2.1 四类典型故障

(a) 突变故障　(b) 瞬态故障　(c) 间歇性故障　(d) 渐变故障

本章面向装备的渐变类型故障，针对监测数据普遍存在的无标签、不均衡及初值不确定性等问题，提出一种基于多变量深度森林算法的剩余寿命预测方法。该方法不需要预先设定装备各个健康阶段的阈值，在完成离线建模基础上，能够在线实现装备不同健康阶段的评估、退化趋势预测以及剩余寿命预测。

2.2 主要思想

用于装备性能监测和剩余寿命预测的观测数据可分成四类[78]：有标签、均衡数据，有标签、不均衡数据，无标签、均衡数据，无标签、不均衡数据，如图 2.2 所示。

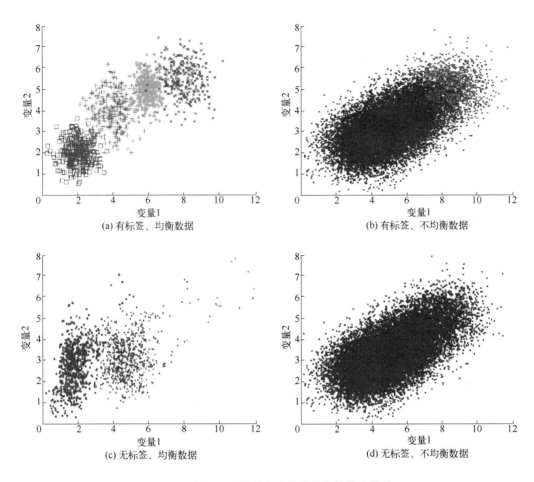

(a) 有标签、均衡数据

(b) 有标签、不均衡数据

(c) 无标签、均衡数据

(d) 无标签、不均衡数据

图 2.2　数据驱动模型中建模数据集的基本特性

有标签、均衡数据一般是由一些简单的机械部件通过多次加速寿命实验得到的。如图 2.2（a）所示，不同颜色的数据点代表装备处于不同健康状态下采集的数据，不同类数据的数量级基本相当，而且分类标签清晰。然而，对于实际工程装备，在其运维过程中，正常状态下的数据远远多于故障和退化状态下的数据，这就造成了数据所谓的"不均衡"特性，如图 2.2（b）所示；另外正常数据与退化数据还有较多的重叠，这类数据较难用于装备健康评估的建模。无标签数据是指设备运行过程中获取的数据没有记录当时装备所处的健康状态（即标签）。由于大多数装备信息化技术的应用时间并不长，在工程实践中，装备运行采集到的数据大多数是无标签、不均衡的。此外，由于装备监测数据记录时刻不同，数据还存在初始状态的不确定性（图 2.3），初始状态的不确定性给数据驱动的剩余寿命预测建模带来新的挑战[5]。本章将重点解决数据的无标签、不均衡和初值不确定性问题。

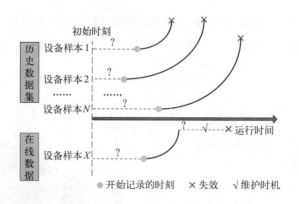

图 2.3 监测数据的记录时刻不同

本章提出了一种基于多变量深度长短时记忆网络（DLSTM）的剩余寿命预测方法[79]，其基本框架如图 2.4 所示，具体实现过程可以分为以下四个主要步骤。

（1）退化特征选择

将传感器能够监测采集的三维数据样本按变量方向展开为二维数据矩阵，此过程可以完全消除图 2.4 所示的传感器监测变量初值不确定带来的影响；再利用构建的相关性指标和趋势性指标进行退化特征选择。

（2）离线健康评估建模

利用提出的量子模糊聚类算法对展开的二维数据矩阵定义健康状态标签。一般来说，装备的健康状态分为四个阶段（即四个健康状态标签）：完全健康、轻微损伤、严重损伤、临近失效。轻微损伤可以理解为器件类失效并造成装备余度下降；严重损伤可以理解为部件失效并导致装备余度丧失；临近失效可以理解为装备严重损伤积累到一定程度，马上要导致整个装备崩溃的阶段。再利用展开的二维数据矩阵及其相对应的健康状态标签，训练多变量深度森林分类器，并且将分类准确率最佳的森林模型保存下来，即多变量深度森林健康评估模型，进而离线训练多变量深度森林分类器，建立装备健康评估模型。

（3）离线退化趋势预测建模

将所选取的传感器退化特征数据集，用于构建基于 DLSTM 的多变量离线退化趋势预测模型。

（4）在线剩余寿命预测

将离线建立的基于多变量深度森林的装备健康评估模型和基于 DLSTM 的退化趋势预测模型组合，采用多变量预测框架实现系统在线剩余寿命预测。

下面介绍上述步骤中的技术性细节。

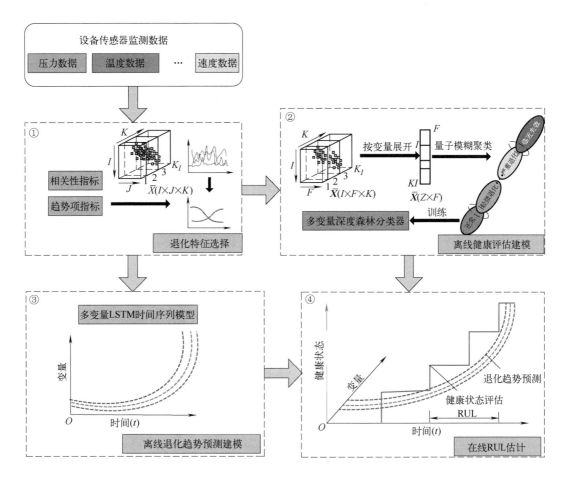

图 2.4　基于多变量深度长短时记忆网络的剩余寿命预测框架

2.3　装备退化特征提取

首先，假定有 I 个装备样本的全寿命周期观测数据，每个样本有 J 个相同的观测变量（即传感器输出的变量信号），每个样本的观测数据个数为 $K_i(i=1,2,\cdots,I)$（若为连续观测，K_i 则等同于样本运行寿命）。因此，每个装备样本的观测数据可用二维矩阵 $\boldsymbol{X}_i$（$J\times K_i$）表示；I 个历史样本的数据可组成一个不等长的三维数据矩阵 $\boldsymbol{X}(I\times J\times K)$，如图 2.5 所示。

为了更好地描述装备性能退化，以开展退化预测研究，理想的性能退化特征需具有同类个体普适性、性能退化一致性等。因此，本章在对数据进行平滑处理和 Z-Score 标准化处理基础上，得到装备样本数据集 $\overline{X}(I\times J\times K)$ 后，提出了 Spearman 相关性和 Spearman 趋势性两种指标来进行特征选择。Spearman 相关性指标反映了特征与时间的线性相关程度，一定程度上体现了同类个体普适性。Spearman 趋势性指标可以刻画出相似

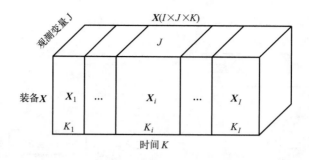

图 2.5 全寿命周期观测数据的三维表示

设备间退化特征的性能退化一致性。

2.3.1 Spearman 相关性指标

统计学中，经常使用的三大相关系数是 Pearson 相关系数、Spearman 相关系数和 Kendall 相关系数。其中，Pearson 相关系数通常用于衡量两个变量之间的线性关联程度，并且要求数据总体服从正态分布；Kendall 相关系数一般适用于两个分类变量均为有序分类的情况。相比于上述两种相关系数，Spearman 相关系数能够衡量两个变量间的非线性关系，同时不在乎两个变量的总体分布形态和样本容量的大小，对应方法是一种无监督的方法[80]。因此，本章方法中首次提出了 Spearman 相关性指标，用于衡量每个样本中变量与运行时间的非线性相关性，具体定义如下：

$$\mathrm{Corr}(i,j) = 1 - \frac{6\sum_{k=1}^{K_i} d_{\overline{x}_{ijk}}^2}{K_i(K_i^2 - 1)} \tag{2.1}$$

式中，$\mathrm{Corr}(i,j)$ 是第 i 个系统训练样本中，第 j 个传感器监测变量与其运行时间的 Spearman 相关系数计算值；$d_{\overline{x}_{ijk}}$ 代表传感器监测变量与其运行时间分别排序后成对的变量位置差，即秩次的差值。

一般来说，Spearman 相关性指标取值范围是 [−1，1]。其中，正值代表传感器监测变量与运行时间正相关，负值代表传感器监测变量与运行时间负相关。Spearman 相关性指标绝对值越大，则传感器监测变量与运行时间相关性越强，也可理解为传感器监测变量随时间变化的退化趋势越好。

2.3.2 Spearman 趋势性指标

在构建的 Spearman 相关性指标基础上，可以进一步定义 Spearman 趋势性指标：

$$\mathrm{Tre}(j) = \frac{\sum_{i=1}^{I} \varepsilon(\mathrm{Corr}(i,j))}{I} \tag{2.2}$$

式中，$\mathrm{Tre}(j)$ 代表传感器监测变量 j 的趋势性指标，$\mathrm{Tre}(j) \in [0,1]$；$\varepsilon(x) = \begin{cases} 1 & x>0 \\ 0.5 & x=0 \\ 0 & x<0 \end{cases}$，为常用的符号函数。

Spearman 趋势性指标可以衡量每个设备传感器监测变量 j 在所有训练样本中呈现的总体趋势变化，能够准确判断呈现的总体趋势是否具有单调性。根据式(2.2)可以判断：若 $\mathrm{Tre}(j)=1$，则设备传感器监测变量 j 在所有训练样本中总体呈现单调上升的趋势；若 $\mathrm{Tre}(j)=0$，则设备传感器监测变量 j 在所有训练样本中总体呈现单调下降的趋势；若 $\mathrm{Tre}(j)=0.5$，则设备传感器监测变量 j 在所有训练样本中保持恒定不变；若 $\mathrm{Tre}(j)$ 取除以上情况外的其他数值，则设备传感器监测变量 j 在所有训练样本中不具备总体趋势单调变化性。

至此，根据 Spearman 相关性指标及趋势性指标，可以实现单工况下的装备退化特征选择。如果传感器监测变量 j 能够同时满足式（2.3）和式（2.4）所列条件，传感器监测变量 j 则被保留下来，否则将被剔除。

$$|\mathrm{Corr}(i,j)| \geqslant \theta_1 \tag{2.3}$$

$$\mathrm{Tre}(j) \equiv 0 \text{ 或 } 1 \tag{2.4}$$

式中，θ_1 为设定的基于相关性指标的退化特征筛选阈值。

2.4 基于多变量深度森林算法的健康评估模型

2.4.1 基于量子模糊聚类的健康状态划分

针对传感器监测变量无标签、不均衡问题，可将量子聚类[81]与模糊聚类理论相结合，构建一种量子模糊聚类算法。首先，采用量子理论解决聚类需要事先指定类别数（健康标签）的问题，根据数据自身分布特性获得类别数量 C。然后，采用模糊理论定义传感器监测变量在不同采集时间内的健康状态类别，如图 2.6 所示。其中，虚线部分代表不同健康状态的重叠区域。相比于硬分类方法，量子模糊聚类可以被理解为一种不需事先指定

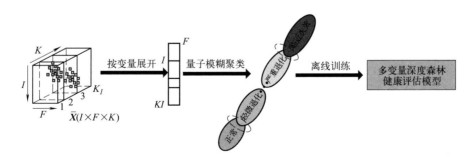

图 2.6　健康评估策略方法流程

类别数的软分类方法，更加适用于实际装备。为了便于下面对量子模糊聚类算法进行详细叙述，现将按选择的退化特征变量方向展开并且标准化后的二维数据矩阵 $\overline{\boldsymbol{X}}(KI \times F)$ 重新定义为 $\overline{\boldsymbol{X}}(Z \times F)$。这里，$Z = K_1 + K_2 + \cdots + K_I$。

首先，在不显含时间的薛定谔方程［式（2.5）］基础上，利用带有 Parzen 窗的高斯核函数估计波函数，进而得到势能函数 $U(\overline{x})$。本节再通过判断势能函数的局部极小值点，得到监测数据的类别数量 C，如图 2.7 所示。

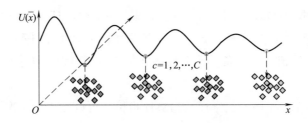

图 2.7 势能函数局部极小值

$$U(\overline{x}) = E + \frac{(\overline{\sigma}^2/2)\boldsymbol{\nabla}^2 \Psi}{\Psi}$$

$$= \frac{\overline{d}}{2} + \frac{1}{2\overline{\sigma}^2 \Psi} \sum_{z=1}^{Z} \parallel \overline{x} - \overline{x}_z \parallel^2 \exp\left[-\frac{\parallel \overline{x} - \overline{x}_z \parallel^2}{2\overline{\sigma}^2}\right] \tag{2.5}$$

式中，E 是 Hamilton 算子的特征值，$E = \dfrac{\overline{d}}{2}$；$\overline{d}$ 是 Hamilton 算子可能的最小特征值，可以用训练样本中传感器变量维数表示；$\overline{\sigma}$ 为波函数宽度调节参数。

然后，根据模糊理论，可以将健康状态类别 C 的划分，转化为式（2.6）中目标函数 L 的最小值求解问题。式（2.7）为目标函数 L 的最小值求解过程中的约束条件。

$$\begin{cases} y = \min_{\{m_c, \mu_c\}} \{L\} \\ L = \sum_{c=1}^{C} \sum_{z=1}^{Z} [\mu_c(\overline{x}_z)]^b \parallel \overline{x}_z - m_c \parallel^2, 1 < b < +\infty \end{cases} \tag{2.6}$$

$$\sum_{c=1}^{C} \mu_c(\overline{x}_z) = 1, \ z = 1, 2, \cdots, Z \tag{2.7}$$

式中，b 是模糊系数；$\mu_c(\overline{x}_z)$ 是 $\overline{x}_z$ 对健康类别 c 的隶属程度；m_c 是类别的中心值。

最后，对目标函数 L 的最小值求解过程中，需要先构造拉格朗日函数，再对函数中的变量进行求导，进一步可以得到 m_c 和 $\mu_c(\overline{x}_z)$，如式（2.8）和式（2.9）。进而，通过不断迭代计算，可以得到训练样本不同时间内的健康状态标签。

$$m_c = \frac{\sum_{z=1}^{Z} [\mu_c(\overline{x}_z)]^b \overline{x}_z}{\sum_{z=1}^{Z} [\mu_c(\overline{x}_z)]^b} \tag{2.8}$$

$$\mu_c(\overline{x}_z) = \frac{1}{\sum\limits_{c=1}^{C}\left(\dfrac{\|\overline{x}_z - m_c\|}{\|\overline{x}_z - m_c\|}\right)^{\frac{2}{b-1}}} \tag{2.9}$$

至此，基于量子模糊聚类的系统健康状态标签划分步骤可以归纳为算法 2-1。

算法 2-1　基于量子模糊聚类的健康状态划分
输入：　二维退化特征数据矩阵 $\overline{X}(Z \times F)$
输出：　健康状态标签 $\text{Tag}_i(k)$
过程：
1：　设定波函数宽度调节参数 $\overline{\sigma}$、模糊系数 $b=2$ 和算法收敛的精度 $\varepsilon = 10^{-5}$；
2：　用随机数初始化隶属度($U = [\mu_c(\overline{x}_z)]$)矩阵 $U(0)$，使其满足式(2.7)中所列的约束条件，并且令 $T \leftarrow 0$；
3：　令 $T \leftarrow T+1$，并且利用迭代式(2.8)计算健康状态类别中心 $M(T) = [m_c]$；
4：　利用迭代公式[式(2.9)]更新隶属度矩阵 $U(T)$；
5：　计算目标函数 $L(T)$；
6：　重复步骤 4 至步骤 6，直到 $\|L(T) - L(T-1)\| \leqslant \varepsilon$，令 $(U, M) \leftarrow (U(T), M(T))$，同时得到训练样本在不同时间内的健康状态标签 $\text{Tag}_i(k)$

2.4.2　基于深度森林算法的离线系统健康状态评估

深度森林算法[82] 于 2017 年 2 月被首次提出，用于探讨深度神经网络以外的方法。相比于现今的深度神经网络（deep neural network，DNN）算法在许多领域应用中"深度"无法解释的问题，深度森林算法具有易于理论分析、适用于不同数据规模的数据集，以及超参数少、算法模型本身对参数调节不敏感等特点。

理论上，深度森林算法是一种基于多粒度扫描和森林级联的深度集成分类学习方法。所谓的"深度"实质是多层森林的级联，如图 2.8 所示。类似于深度神经网络层数的扩展，深度森林是由多层森林结构（从 Level 1 到 Level N）自动级联扩展形成的深度模型，不需要事先设定森林层数。每一层通常接收上一层生成的特征向量，然后再给下一层输出生成的特征向量。其中，每一层中包括 2 个完全随机森林（图 2.8 中黑色部分）和 2 个随机森林（图 2.8 中蓝色部分）。完全随机森林或随机森林又是以大量决策树分类器为基础形成的一个 Bagging 扩展变体算法。Bagging 算法作为一种数据自助重采样技术，在理论上也可以通过调整数据分布或者重新采用数据，来解决传感器监测变量数据的不均衡问题。

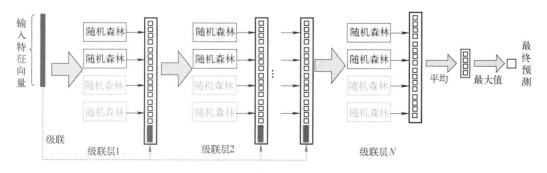

图 2.8　深度森林级联

由此可知，深度森林算法是大量完全随机森林和随机森林算法的集成，而完全随机森林或随机森林又由大量完全随机决策树或随机决策树算法集成，可谓是"集成中集成"。同时，完全随机森林和随机森林的主要区别在于两者不同的候选特征空间，这种每层中的多样性结构对集成学习意义重大。

在深度森林的每层中，每个完全随机森林或随机森林包括了大量的完全随机决策树或随机决策树。每个森林中的决策树数量是深度森林算法中的一个超参数，将在后面给出。每个完全随机决策树通过随机选择一个特征在树的每个节点进行分割实现生成，决策树一直生长，直到每个叶节点只包含相同类的实例或不超过 10 个实例。类似地，每个随机决策树通过随机选择 $\sqrt{q}$ 数量的特征作为候选（q 是输入特征的数量），然后选择具有最佳基尼指数值 Gini 的特征进行分割。假设给定数据样本集合 $\boldsymbol{V}$，Gini 可以通过式（2.10）计算得到。

$$\text{Gini}(\boldsymbol{V}) = 1 - \sum_{g=1}^{G}\left(\frac{|\boldsymbol{V}_g|}{|\boldsymbol{V}|}\right)^2 \tag{2.10}$$

式中，$\boldsymbol{V}_g$ 是 $\boldsymbol{V}$ 中属于第 g 类的样本子集；G 是类的个数。

如果样本集合 $\boldsymbol{V}$ 根据特征 A 是否取某一可能值 a 而被分割成 $\boldsymbol{V}_1$ 和 $\boldsymbol{V}_2$ 两部分（$|\boldsymbol{V}| = |\boldsymbol{V}_1| + |\boldsymbol{V}_2|$），则在特征 A 的条件下，集合 $\boldsymbol{V}$ 的基尼指数 $\text{Gini}(\boldsymbol{V}, A)$ 可定义为

$$\text{Gini}(\boldsymbol{V}, A) = \frac{|\boldsymbol{V}_1|}{|\boldsymbol{V}|}\text{Gini}(\boldsymbol{V}_1) + \frac{|\boldsymbol{V}_2|}{|\boldsymbol{V}|}\text{Gini}(\boldsymbol{V}_2) \tag{2.11}$$

$\text{Gini}(\boldsymbol{V}, A)$ 代表了样本集合 $\boldsymbol{V}$ 通过特征 $A = a$ 分割后的不确定性。类似于熵，$\text{Gini}(\boldsymbol{V}, A)$ 值越大，代表不确定性越大。因此，选择 $\text{Gini}(\boldsymbol{V}, A)$ 最小值作为一个最优的分割特征值：

$$a^* = \arg_{a \in A}\min \text{Gini}(\boldsymbol{V}, A = a) \tag{2.12}$$

根据由式（2.12）得到的最优的分割特征值 a^*，每个决策树可以在特征空间中不断划分子空间，并且每个子空间打上标签，在叶节点能够得到训练样本中不同类别的概率。最后，在每个森林中通过对所有决策树的各类比例取平均，输出整个森林中各类的比例。图 2.9 中的最终结果是取各类中比例最大的值。由此可知，深度森林算法的一个重要的优势是能够给出分类结果的概率值，可以用以解决装备健康评估过程中存在的不确定性。

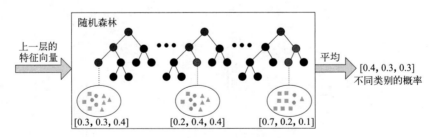

图 2.9　深度森林的概率结果示意

除森林层数自动级联外，深度森林算法还有一个重要特点，就是进入了类似 DCNN 的一个滑动窗口，能够很好地处理时间序列上的关联性。如图 2.10 所示，在序列数据中

进行举例说明，用一个 100 维的滑动窗口对 400 维的数据逐步采样（这里步长设为 1）。最终，能够获得 301 个子样本，实现真正的"多粒度"，增加了训练子样本的数据，能够很好适用于小样本数据集，同时有利于提高深度森林算法自身的分类准确率。

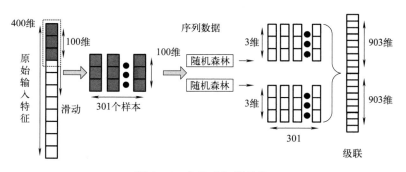

图 2.10　多粒度扫描示意

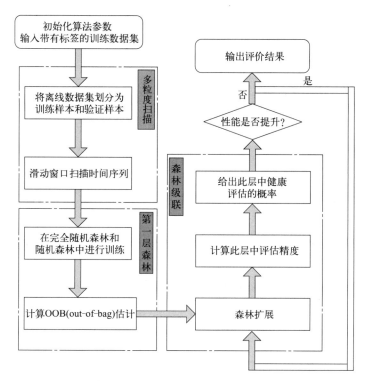

图 2.11　基于多变量深度森林的健康评估模型训练过程

本节将深度森林算法引入 PHM 领域，用于装备的健康状态评估建模。将装备的全寿命周期数据集和在 2.4.1 节得到的相应的健康状态标签，输入多变量深度森林模型，训练得到并保存效果最佳的深度森林结构。基于多变量深度森林的健康评估建模详细过程，如图 2.11 所示。首先，将输入的训练集样本划分成训练样本和验证样本，并且类似于 DC-NN，再利用滑动窗口对数据集进行扫描切割。然后，在第一层中利用完全随机森林和随机森林进行训练，并且计算袋外误差（out-of-bag，OOB）估计值。最后，进行森林级联层次的扩展，计算健康评估精度并且给出相对应的健康状态类别概率信息。如果评估精度有所提高，则自动继续进行层次扩展，否则终止层次扩展并输出最终结果。本节将常用的分类准确率作为算法的评价指标，算法中的一些主要的参数设置如下：

$$n\_cascadeRF = 2$$
$$n\_cascadeRFtree = 101$$
$$cascade\_test\_size = 0.2$$
$$tolerance = 0$$

式中，n_cascadeRF 代表每个级联层完全随机森林或随机森林的数量；n_cascadeRFtree 代表每个级联层中单个完全随机森林或随机森林包含的完全随机决策树或随机决策树的数量；cascade_test_size 代表验证样本占训练样本的比例大小；tolerance 代表级联层扩展的精度差。

至此，基于多变量深度森林的健康评估建模可以归纳为算法 2-2。

算法 2-2　基于多变量深度森林的健康评估建模

输入：	带有健康状态标签 Tag(k) 的数据 $\overline{X}(Z \times F)$
输出：	训练好的多变量深度森林分类器
过程：	
1：	初始化深度森林算法参数；
2：	设定训练准确率 ω；
3：	随机选取一定数量的样本作为训练数据，剩余样本作为验证数据；
4：	在第一层中，训练随机森林和完全随机森林并计算 OOB 值，生成输入到下　级的特征向量；
5：	扩展级联森林层数；
6：	根据上一层的特征向量，按步骤 4 进行并计算这层的准确率；
7：	如果性能没有明显提高，则停止扩展森林并进行下一步；否则跳转到步骤 5；
8：	根据步骤 7，得到一个深度森林结构；
9：	利用步骤 8 中的深度森林结构，计算验证数据的分类准确率；
10：	如果验证数据集分类准确率大于 ω，则保存深度森林结构；否则跳转至步骤 2

2.5　基于 DLSTM 的离线退化趋势预测建模

2.5.1　LSTM 网络结构简介

相比于循环神经网络（recurrent neural network，RNN），长短时记忆（long short-term memory，LSTM）网络增加了众多门结构，能够有效解决 RNN 网络易发生的梯度消失和梯度爆炸问题，非常适合时间序列预测研究。图 2.12 展示了基本的 LSTM 网络结构。其中，x_t 是当前时刻的输入；h_{t-1} 和 h_t 分别代表上一时刻和当前时刻的输出；C_{t-1} 和 C_t 分别为上一时刻和当前时刻的细胞状态。图中红线为 LSTM 网络主线（细胞状态），用于维持信息的传递、保存重要信息，是 LSTM 的关键。LSTM 网络主要包括遗忘门、输入门、输入节点和输出门。

遗忘门是 LSTM 网络中一个重要门结构，它能够决定遗弃哪些信息。对于时间序列

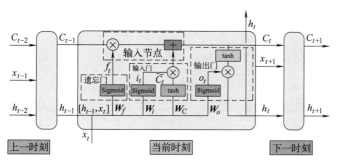

图 2.12 LSTM 网络基本结构

预测来说，遗忘门能够选择性地摒弃前面一些冗余序列信息，进而不会影响下一时刻的预测结果。输入门和输入节点则选择性地记录新序列信息。输出门通常用于实现对预测信息的输出。因此，依照图 2.12，LSTM 网络各个门结构及其输入、输出节点的信息变化如式（2.13）～式（2.18）所示。

$$f_t = \sigma(\boldsymbol{W}_f[h_{t-1}, x_t] + \boldsymbol{b}_f) \tag{2.13}$$

$$i_t = \sigma(\boldsymbol{W}_i[h_{t-1}, x_t] + \boldsymbol{b}_i) \tag{2.14}$$

$$\widetilde{C}_t = \tanh(\boldsymbol{W}_C[h_{t-1}, x_t] + \boldsymbol{b}_C) \tag{2.15}$$

$$C_t = f_t \odot C_{t-1} + i_t \odot \widetilde{C}_t \tag{2.16}$$

$$o_t = \sigma(\boldsymbol{W}_o[h_{t-1}, x_t] + \boldsymbol{b}_o) \tag{2.17}$$

$$h_t = o_t \odot \tanh(C_t) \tag{2.18}$$

式中，σ 为 Sigmoid 函数；$\boldsymbol{W}_f$、$\boldsymbol{W}_i$、$\boldsymbol{W}_C$ 和 $\boldsymbol{W}_o$ 为权重矩阵；$\boldsymbol{b}_f$、$\boldsymbol{b}_i$、$\boldsymbol{b}_C$ 和 $\boldsymbol{b}_o$ 是权重矩阵相对应的偏置向量；$\odot$ 表示逐点乘法。

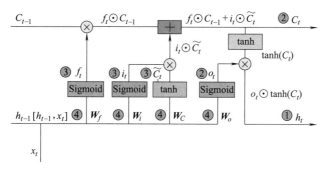

图 2.13 LSTM 网络反向传播误差计算示意

下面根据图 2.13，简要给出 LSTM 网络反向传播误差计算过程。首先，可以定义：

$$\boldsymbol{W}\boldsymbol{s}_t = \begin{bmatrix} \boldsymbol{W}_f \\ \boldsymbol{W}_i \\ \boldsymbol{W}_C \\ \boldsymbol{W}_o \end{bmatrix} \boldsymbol{s}_t = \begin{bmatrix} \boldsymbol{W}_f h \boldsymbol{W}_f x \boldsymbol{b}_f \\ \boldsymbol{W}_i h \boldsymbol{W}_i x \boldsymbol{b}_i \\ \boldsymbol{W}_C h \boldsymbol{W}_C x \boldsymbol{b}_C \\ \boldsymbol{W}_o h \boldsymbol{W}_o x \boldsymbol{b}_o \end{bmatrix} \begin{bmatrix} h_{t-1} \\ x_t \\ 1 \end{bmatrix} \tag{2.19}$$

然后，假设 $\dfrac{\partial E^t}{\partial h^t} = \delta h^t$，这里 E^t 代表在 t 时刻的误差。进而，根据图 2.13 中①到④的标识，可以计算 LSTM 网络的梯度，即网络权重矩阵的更新。δo^t 和 δC^t 可以由式（2.20）计算得到；δf_t、δi_t、$\delta \widetilde{C}_t$ 和 δC^{t-1} 可以由式（2.21）计算得到；$\delta \boldsymbol{W}_f$、$\delta \boldsymbol{W}_i$、$\delta \boldsymbol{W}_C$ 和 $\delta \boldsymbol{W}_o$ 可以分别由式（2.22）和式（2.23）计算得到。由此可以根据式（2.24）计算得到 LSTM 网络总的梯度。最后，可以利用式（2.25）更新 LSTM 网络的权值矩阵 $\boldsymbol{W}$。

$$\begin{cases} \delta o^t = \dfrac{\partial E^t}{\partial o^t} = \delta h^t \odot \tanh(C^t) \\[3mm] \delta C^t = \dfrac{\partial E^t}{\partial C^t} = \delta h_i^t \odot o^t \odot [1 - \tanh^2(C^t)] \end{cases} \tag{2.20}$$

$$\begin{cases} \delta f^t = \dfrac{\partial E^t}{\partial f^t} = \delta C^t \odot C^{t-1} \\[3mm] \delta i^t = \dfrac{\partial E^t}{\partial i^t} = \delta C^t \odot \widetilde{C}^t \\[3mm] \delta C^{t-1} = \dfrac{\partial E^t}{\partial C^{t-1}} = \delta C^t \odot f^t \\[3mm] \delta \widetilde{C}^t = \dfrac{\partial E^t}{\partial \widetilde{C}_i^t} = \delta C^t \odot i^t \end{cases} \tag{2.21}$$

$$\begin{cases} \delta \boldsymbol{W}_f \dfrac{\partial E^t}{\partial \boldsymbol{W}_f} = [\delta f^t \odot f^t \odot (1 - f^t)] \otimes (s^t)^T \\[3mm] \delta \boldsymbol{W}_i \dfrac{\partial E^t}{\partial \boldsymbol{W}_i} = [\delta i^t \odot i^t \odot (1 - i^t)] \otimes (s^t)^T \\[3mm] \delta \boldsymbol{W}_o \dfrac{\partial E^t}{\partial \boldsymbol{W}_o} = [\delta o^t \odot o^t \odot (1 - o^t)] \otimes (s^t)^T \\[3mm] \delta \boldsymbol{W}_C \dfrac{\partial E^t}{\partial \boldsymbol{W}_C} = \{\delta \widetilde{C}^t \odot [1 - (\widetilde{C}^t)^2]\} \otimes (s^t)^T \end{cases} \tag{2.22}$$

$$\dfrac{\partial E^t}{\partial \boldsymbol{W}} = \begin{bmatrix} \delta f^t \odot f^t \odot (1 - f^t) \\ \delta i^t \odot i^t \odot (1 - i^t) \\ \delta o^t \odot o^t \odot (1 - o^t) \\ \delta \widetilde{C}^t \odot [1 - (\widetilde{C}^t)^2] \end{bmatrix} \otimes (s^t)^T \tag{2.23}$$

$$\dfrac{\partial E}{\partial \boldsymbol{W}} = \sum_{t=0}^{T} \dfrac{\partial E^t}{\partial \boldsymbol{W}} \tag{2.24}$$

$$\boldsymbol{W} \leftarrow \boldsymbol{W} - \eta \dfrac{\partial E}{\partial \boldsymbol{W}} \tag{2.25}$$

2.5.2　退化趋势预测模型

　　LSTM 网络应用于时间序列预测，通常面临两个主要问题。一是传统的梯度下降方法，例如随机梯度下降（stochastic gradient descent，SGD）、小批量梯度下降（mini batch gradient descent，MBGD）、RMSprop 等，很难保证网络快速收敛。另一个问题是过拟合问题。因此，本节针对上述问题，采用了自适应矩估计（adaptive moment estimation，Adam）方法和 L2 正则化方法来保证 LSTM 网络的快速收敛并且避免过拟合。在此基础上，进一步将 LSTM 网络进行串联扩展，形成深度 LSTM（即 DLSTM）网络，如图 2.14 所示。再结合单步迭代策略，可以建立 F 个退化趋势预测模型，实现系统的多变量多步退化趋势预测。因此，基于 DLSTM 的多变量多步长期预测建模，可以归纳并总结成算法 2-3。

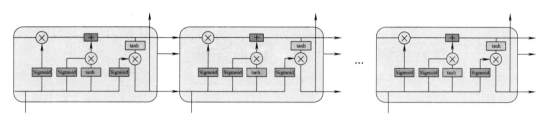

图 2.14　DLSTM 网络结构示意

算法 2-3　基于多变量 DLSTM 的长期预测建模

输入：　　三维退化特征数据矩阵 $\overline{\boldsymbol{X}}(I \times F \times K)$
输出：　　F 个训练好的深度 LSTM 网络结构
过程：
1：　　　初始化序列到序列的 LSTM 网络参数；
2：　　　for $f=1,2,3,\cdots,F$ do
3：　　　　for $i=1,2,3,\cdots,I$ do
4：　　　　　将 $\overline{x}_i(1)$ 到 $\overline{x}_i(K_i-1)$ 的时间序列作为输入，将 $\overline{x}_i(2)$ 到 $\overline{x}_i(K_i)$ 的时间序列作为输出；
5：　　　　end for
6：　　　利用此输入和输出训练一个序列到序列的深度 LSTM 网络结构；
7：　　　在网络前向传播过程中，利用式(2.13)~式(2.18)计算每个 LSTM 中间参数；
8：　　　在网络反向传播过程中，利用 L2 正则化方法避免过拟合，同时采用 Adam 方法更新每个 LSTM 网络的权重矩阵和径向量；
9：　　　当网络收敛时，保存训练的深度 LSTM 网络结构；
10：　　end for
11：　　输出 F 个基于深度 LSTM 的退化预测模型

2.6　基于组合模型的装备在线剩余寿命预测方法

2.6.1　剩余寿命在线预测实施过程

依据多变量预测方法框架，将 2.4 节提出的算法 2-2（基于多变量深度森林的健康评估建模方法）和 2.5 节提出的算法 2-3（基于多变量 DLSTM 的长期预测建模方法）组合，实现装备的在线剩余寿命预测。相比于传统的多变量预测方法，本节提出的基于组合模型的在线剩余寿命预测方法可以实现装备的健康评估、不同健康状态的剩余时间预测和最终的剩余寿命预测，并且能够给出装备各个健康状态阶段所处的概率，解决预测过程存在的不确定性问题。

测试样本的剩余寿命预测，属于一个在线预测过程。对于离线阶段的健康状态评估建模和多变量多步长期预测建模，本章中通常认为能获取到大量的装备全寿命周期训练数据。然而，针对新样本的在线剩余寿命预测，本章需要面对的是如何处理非全寿命周期数据。图 2.15 给出了装备剩余寿命在线预测方法实施全过程。

首先，通过构建多个基于 DLSTM 的单变量预测器组合，形成多变量多步退化预测模型。然后，将预测到的数据作为多变量健康评估模型的输入，得到新样本当前及预测值的健康状态情况。在预测阶段，新样本不同健康状态阶段的持续时间，可以通过样本健康状态切换来计算得到。最后，当多变量深度森林健康评估模型检测到装备预测值处于临近失效阶段且任意一退化特征不再发生变化时，停止退化趋势预测，计算输出装备的剩余寿命预测值。

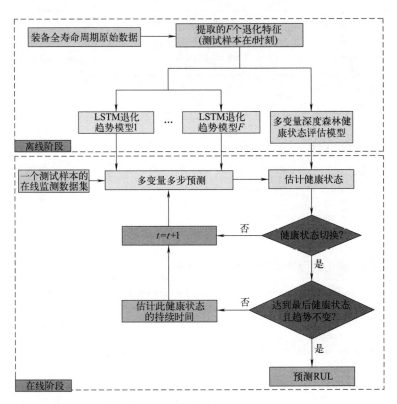

图 2.15 剩余寿命在线预测实施过程

2.6.2 预测评价标准

本节采用 2008 年国际 PHM 大会针对 NASA 航空发动机退化数据集提出的 Score 函数作为评价预测方法的准则。Score 函数具体计算过程如下：

$$\text{Score} = \begin{cases} \sum_{i=1}^{I} e^{-\left(\frac{r_i}{a_1}\right)} - 1, \ r_i < 0 \\ \sum_{i=1}^{I} e^{\left(\frac{r_i}{a_2}\right)} - 1, \ r_i \geqslant 0 \end{cases} \tag{2.26}$$

式中，I 代表测试样本集（非全寿命周期数据）的个数；$r_i = \mathrm{RUL}_{i\_e} - \mathrm{RUL}_{i\_a}$；$\mathrm{RUL}_{i\_e}$ 是第 i 个测试样本的 RUL 预测值；RUL_{i_a} 是第 i 个测试样本的 RUL 实际值。本节将式（2.26）中两个关键参数值设置为 $a_1 = 10$ 和 $a_2 = 13$。

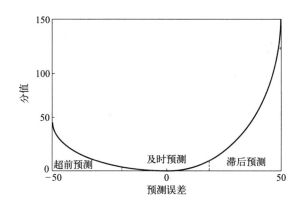

图 2.16　Score 函数曲线

由式（2.26）可知，分值越小，表示其预测性能越好。Score 函数曲线如图 2.16 所示，它是非对称的，其右半边曲线（预测误差大于 0）表示的滞后预测得分曲线上升速度明显高于超前预测，说明滞后预测不是理想的结果，Score 函数对其进行惩罚。

按预测误差 r_i 的值将预测结果分为 3 类：

① 当 $r_i < -10$ 时，属于超前预测。超前预测往往会导致后续的维修与维护策略过于保守，但可以保证系统运行在失效前。

② 当 $-10 \leqslant r_i \leqslant 13$ 时，属于及时预测。

③ 当 $r_i > 13$ 时，属于滞后预测。滞后预测可能会导致系统在运行的过程中发生失效，引发重大事故。理想的预测结果中，分值越小越好，及时预测越多越好，尽量减少滞后预测。

2.7　实验验证

2.7.1　数据来源

本节采用 NASA 预测中心公开的航空发动机退化数据集验证所提出的方法，也方便与国内外现阶段大部分研究进行对比。此航空发动机退化数据集[83] 解决了对系统剩余寿命预测研究一直以来缺少全寿命周期数据集的瓶颈问题，得到了广泛应用。

NASA 航空发动机数据集是在美国民用航空推进系统仿真平台（commercial modular aero-propulsion system simulation，CMAPSS）上，利用损伤扩展建模方法，在某一随机时刻注入不同类型的故障，进行大量退化性能仿真所采集得到的[83-85]。如图 2.17 所示，模拟的发动机主要包括 1 个燃烧室、1 个喷嘴和 5 个旋转组件（风扇、低压压气机、高压压气机、高压涡轮和低压涡轮），通过 3 个操作状态变量（飞行高度、飞行速度和环境温度）和 21 个传感器测量变量（见表 2.1）来监测发动机的工况变化和健康状态。表 2.1 中，序号为 1 到 9 的测量变量是通过硬测量得到的，序号为 10 到 21 的测量变量是通过软测量得到的。

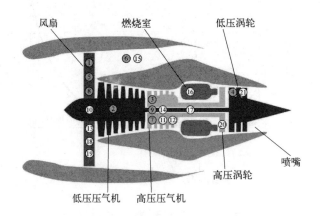

图 2.17　发动机主要部件

表 2.1　航空发动机传感器测量数据集描述

序号	符号	描述	单位
1	T2	风扇入口总温	°R❶
2	T24	低压压气机出口总温	°R
3	T30	高压压气机出口总温	°R
4	T50	低压涡轮出口总温	°R
5	P2	风扇入口压力	psia❷
6	P15	外涵总压	psia
7	P30	高压压气机出口总压	psia
8	Nf	风扇物理转速	r/min
9	Nc	核心机物理转速	r/min
10	epr	发动机压比（P50/P2）	—
11	Ps30	高压压气机出口静压	psia
12	Phi	燃油流量与 P30 比值	pps/psi❸
13	NRf	风扇换算转速	r/min
14	NRc	核心机换算转速	r/min
15	BPR	涵道比	—

❶ °R：兰氏度。温度/°R＝（温度/℃＋273.15）×1.8。

❷ psia：绝对 psi（磅力每平方英寸），即相对于绝对真空来计量的压力单位。1psi＝6894.757Pa。

❸ pps：燃油流量单位。psi：磅力每平方英寸。

序号	符号	描述	单位
16	farB	燃烧室燃气比	—
17	htBleed	引气熵值	—
18	Nf_dmd	设定风扇转速	r/min
19	PCNfR_dmd	设定核心机换算转速	r/min
20	W31	高压涡轮冷却引气流量	lbm/s❶
21	W32	低压涡轮冷却引气流量	lbm/s

2.7.2　退化特征选择结果

这里采用 NASA 航空发动机单工况退化数据集 FD001，进行发动机退化特征选择验证。发动机退化数据集可以表示为三维数据矩阵 $\boldsymbol{X}$（$100 \times 21 \times K$），即此数据集拥有 100 个训练样本。图 2.18 代表性地展示了航空发动机训练样本 ♯1 中部分传感器采集的原始

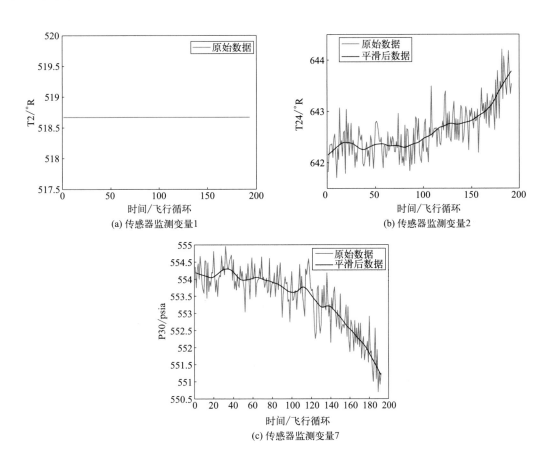

图 2.18　航空发动机训练样本 ♯1 原始数据及其平滑处理

---

❶　lbm：磅（质量）。1lbm＝453.59237g。

数据和数据经平滑处理后的效果图。从图中可以看出，传感器监测变量随时间变化具体可分为 3 种情况：恒定不变、具有上升趋势和具有下降趋势。此时，在对三维数据矩阵 $\boldsymbol{X}$（$100 \times 21 \times K$）按变量方向展开并进行标准化的基础上，便可以对标准化的数据集 $\overline{\boldsymbol{X}}$（$100 \times 21 \times K$）进行退化特征选择。

首先，利用式（2.1）分别计算每个训练样本中每个航空发动机监测变量与此监测变量运行时间（飞行循环）的相关性指标。然后，根据式（2.2）计算得到每个航空发动机监测变量在 100 个训练样本中表征总体趋势特征的趋势性指标。最后，设定基于相关性指标的退化特征筛选阈值 $\theta_1 = 0.5$，将同时满足式（2.3）和式（2.4）中约束条件的航空发动机监测变量保留下来。最终得到的退化特征数据集可以重新定义为 $\overline{\boldsymbol{X}}$（$100 \times F \times K$），其中 F 代表保留下来的退化特征个数。

图 2.19 给出了航空发动机传感器监测变量在所用样本中总体趋势变化呈现的 4 种典型情况。从图 2.19（a）可以发现，监测变量 1 在每个航空发动机训练样本中，其 Spearman 相关性指标一直为 0，这代表航空发动机监测变量 1 在发动机运行阶段一直保持恒定，进而可以计算得到它的趋势性指标值为 0.5。这类监测变量对后续的系统剩余寿

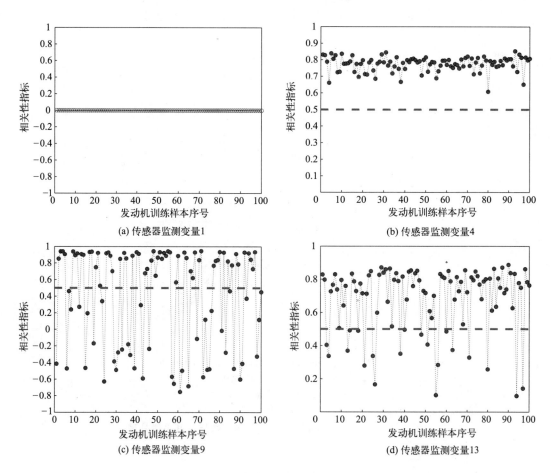

(a) 传感器监测变量1

(b) 传感器监测变量4

(c) 传感器监测变量9

(d) 传感器监测变量13

图 2.19 系统不同传感器监测变量总体趋势分析示意图

命预测无影响，可以剔除。从图 2.19（b）可以发现，监测变量 4 在每个航空发动机训练样本中，其 Spearman 相关性指标均大于 0.5，这代表这类监测变量与其运行时间（飞行循环）一直呈正相关，其计算的趋势性指标值为 1，总体呈现单调上升趋势，满足约束条件，故这类监测变量将被保留下来。相比之下，图 2.19（c）中展示的监测变量 9 在发动机训练样本中的相关性指标值有正值也有负值，因此可以计算得到其趋势性指标值为 0.42，不满足式（2.4）的条件，即不满足单调性。此外，监测变量 9 在发动机训练样本中的相关性指标值也不能满足式（2.3）的条件。因此，这类既不满足单调性又不具有良好相关性的监测变量将被剔除。最后一类监测变量，如图 2.19（d）中的监测变量 13，虽然能满足式（2.4）的条件，即在所有航空发动机训练样本中呈现单调变化趋势，但是这类监测变量在所有航空发动机训练样本中的相关性指标相差较大，不能满足式（2.3）的条件，也将被剔除。

航空发动机数据集 FD001 中，剩余的其他监测变量的筛选过程与上述 4 种监测变量分析过程一致。最终，序号为 4、7、11、12、15、20 和 21 的 7 个监测变量被保留下来用于后续的系统剩余寿命预测研究，即 $F=7$。此时，保留下来的数据集可以表示为 $\overline{\boldsymbol{X}}$（$100 \times 7 \times K$）。

2.7.3　离线健康状态评估建模与在线验证结果

现有大部分健康状态评估建模中，一般都假设发动机起始健康状态属于正常阶段。这一假设通常是不合理的。测量记录误差或系统自身亚健康状态等因素，都会导致传感器监测变量数据初值不确定，进而会影响装备健康状态评估精度，后续会在实验结果中加以详细说明。下面展示航空发动机健康状态评估模型离线训练结果。

（1）离线建模训练结果

在退化特征选择基础上，本节首先经过多次测试，选择量子模糊聚类的波函数宽度调节参数 $\sigma=0.6$，再根据式（2.5）可以得到系统健康状态类别个数 $C=4$。然后，进一步根据算法 2-1，计算得到航空发动机训练样本在不同时间内的健康状态标签 $\text{Tag}_i(k)$。最后，根据算法 2-2 随机选择前 80 个航空发动机退化数据集样本作为训练样本，离线训练基于多变量深度森林的健康状态评估模型。本书采用编号为 ♯81～♯90 的航空发动机退化数据集样本作为测试样本，当分类准确率均大于 90% 时，保存此时训练结果最佳的深度森林结构。本书抽取编号为 ♯91～♯100 的样本中大部分数据集（即非全寿命周期）先进行数据标准化，再用于在线健康状态评估验证。

图 2.20（a）、图 2.21（a）、图 2.22（a）分别展示了航空发动机训练样本 ♯81～♯83 的离线健康状态评估训练结果，其他训练样本离线训练结果与上述三幅图展示的结果类似，不再做重复性展示。图中，横坐标代表航空发动机运行时间（飞行循环）；纵坐标代表航空发动机随时间推移的健康状态，即"1"代表正常、"2"代表轻微损伤、"3"代表严重损伤、"4"代表临近失效。图中黑色圈画线是利用量子模糊聚类对传感器监测数据定义的健康状态标签，即实际结果；红色点画线是利用所训练的多变量深度森林健康状态评

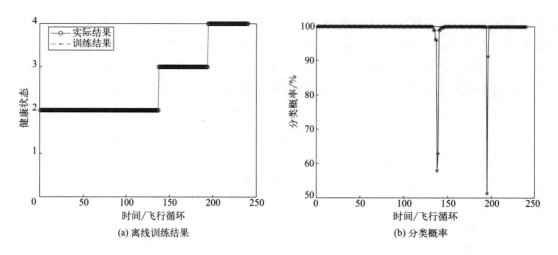

图 2.20 发动机训练样本♯81健康状态评估训练结果与分类概率

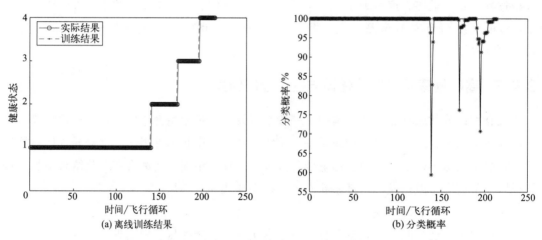

图 2.21 发动机训练样本♯82健康状态评估训练结果与分类概率

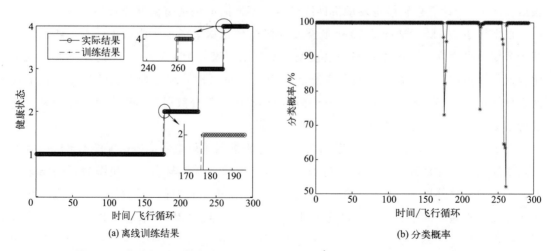

图 2.22 发动机训练样本♯83健康状态评估训练结果（深度森林）与分类概率

估模型得到的发动机健康状态标签，即训练结果。

对比图 2.20～图 2.22 可以发现，与航空发动机训练样本♯82 和♯83 初始阶段处于正常状态不同，航空发动机训练样本♯81 一开始便处于轻微损伤阶段。本章提出的基于多变量深度森林的健康状态评估方法准确估计到了训练样本♯81 的健康状态，成功解决了航空发动机传感器监测变量数据初值不确定性问题。同时，航空发动机在除正常运行状态下的其他健康状态周期长短基本相同，可以说明本章提出的方法成功解决了航空发动机传感器监测变量数据无标签、不均衡问题。此外，观察图 2.22（a）的局部放大图可以发现，航空发动机训练样本♯83 仅在由正常状态切换到轻微损伤状态和由严重损伤状态切换到临近失效状态这两个过渡阶段存在少许误分类。本章提出的方法还能够给出不同健康状态阶段分类结果的概率，如图 2.20（b）～图 2.22（b）所示。不同健康状态阶段分类结果的概率成功解决了预测过程中存在的不确定性问题。

（2）对比结果

图 2.23 和图 2.24 分别展示了 ANN 和 SVM 这两种常用算法用于航空发动机健康状态评估模型训练的结果（这里假设所有航空发动机训练样本初始都处于正常阶段）。从图

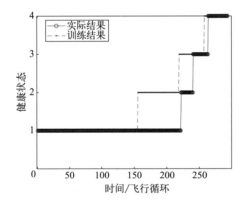

图 2.23　发动机训练样本♯83 健康状态评估训练结果（ANN）

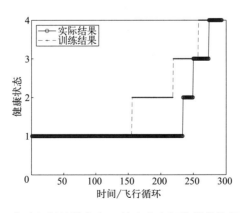

图 2.24　发动机训练样本♯83 健康状态评估训练结果（SVM）

中可以看出，ANN 和 SVM 这两种常用算法仅在临近失效这个健康状态下的评估准确率较高、误差较小，在航空发动机其他健康状态下的评估误差较大。

从理论上讲，如果最后一个阶段的健康状态评估准确率不是很差，对后续装备剩余寿命预测结果影响并不会很大。但是，其他健康状态评估的低准确率和高误差，会直接或间接影响到装备不同健康状态阶段应采取的维护策略的制定，不能够提供合理的理论支撑，难以用于装备的在线健康状态评估。

对比 ANN 和 SVM 这两种常用算法与深度森林算法，将深度森林算法应用于装备健康状态评估时最值得提及的一点是能够提供装备处于不同健康状态阶段的概率。表 2.2 给出了上述三种方法在航空发动机验证样本集上离线训练的准确率。从表中可以看出，深度森林算法应用于航空发动机健康状态评估时离线训练准确率均高于 90%，此时森林结构将被保存，用于后续装备在线健康状态评估。而 ANN 和 SVM 这两种算法应用于航空发动机健康状态评估时离线训练准确率远低于深度森林算法。甚至，ANN 算法在航空发动机样本♯84 上的离线训练准确率仅有 60.30%；SVM 算法在航空发动机样本♯87 上的离线训练准确率仅有 50.99%。

表 2.2　离线训练准确率

样本序号	深度森林算法准确率/%	ANN 算法准确率/%	SVM 算法准确率/%
81	100	90.42	86.25
82	98.60	81.76	80.37
83	99.32	68.94	62.46
84	97.75	60.30	82.02
85	100	92.55	78.72
86	99.64	89.93	91.73
87	98.31	85.96	50.99
88	97.65	75.59	98.12
89	99.54	86.64	86.64
90	99.35	74.68	63.64

(3) 在线验证结果

图 2.25 分别给出了航空发动机测试样本♯93 的在线验证结果和相对应的健康状态概率。相比于图 2.20～图 2.22，航空发动机测试样本♯93 的在线验证虽然在由正常状态切换到微小损伤状态和由微小损伤状态切换到严重损伤状态时存在的误分类概率略高于离线训练结果，但是航空发动机在线验证整体准确率也高于 90%。航空发动机测试样本的在线验证结果与样本♯93 结果类似，准确率均大于 90%，在此不再重复。

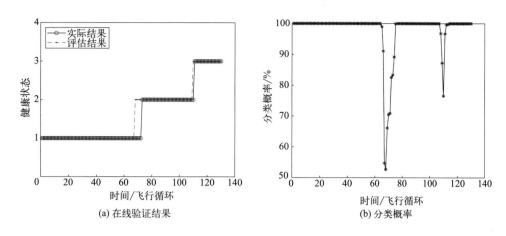

图 2.25　发动机训练样本♯93健康状态在线验证结果及分类概率

2.7.4　离线退化趋势预测建模和在线 RUL 估计

经过多次测试选择，将 DLSTM 网络层数、学习下降率和 L2 正则化参数分别设定为200、0.3 和 0.1，并且根据本章提出的基于 DLSTM 的多变量多步长期预测建模（算法2-3），分别离线建立了 7 个（航空发动机提取出的退化特征个数）退化变量的长期预测模型。

本节以航空发动机测试样本集中发动机♯1预测结果为例，详细叙述装备在线剩余寿命预测过程。图 2.26（a）～（g）分别展示了利用 DLSTM 网络建立的多变量多步长期预测模型，预测得到的航空发动机测试集中发动机♯1各个传感器监测变量变化趋势情况（相关量与单位的含义可参考表 2.1）。从图 2.26（g）可以看出，传感器监测变量 21 预测值不再发生变化（即退化趋势恒定不变），此时停止预测。其他航空发动机测试样本的预测和分析过程与发动机♯1一致，在此不再重复。

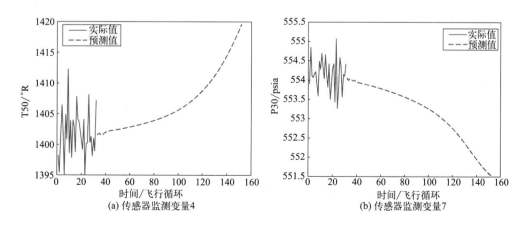

图 2.26

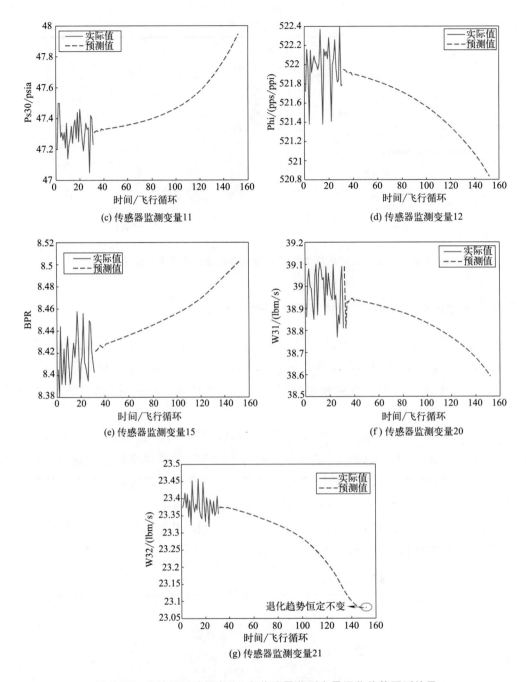

(c) 传感器监测变量11   (d) 传感器监测变量12

(e) 传感器监测变量15   (f) 传感器监测变量20

(g) 传感器监测变量21

图 2.26 发动机测试样本♯1 各传感器监测变量退化趋势预测结果

在进行退化趋势预测过程中，同时利用离线构建好的基于多变量深度森林的健康状态评估模型，可以在线估计航空发动机测试样本集当前序列以及预测序列值的健康状态。图 2.27 展示了利用多变量深度森林健康状态评估模型得到的航空发动机测试样本♯1 的健康状态评估结果与分类概率。从图 2.27（a）可以看出，航空发动机测试样本♯1 开始处于"正常"阶段，在此阶段将维持 38 个飞行循环；然后进入"轻微退化"阶段，在此阶段将维持 58 个飞行循环；进而进入"严重退化"阶段，在此阶段将维持 23 个飞行循环；最后到达"临近失效"阶段，发动机测试样本♯1 的预测剩余寿命值是 120 个飞行循环。从上述分析可知，本章提出的装备剩余寿命预测方法，成功实现了装备在线健康状态评估、不同健康状态阶段剩余使用时间的预测和剩余寿命预测，给出的分类概率很好地解决了预测过程的不确定性问题。

剩余航空发动机测试样本在线健康状态评估、退化趋势预测、在线剩余寿命预测过程与航空发动机测试样本♯1 展示的过程类似，在此不再进行重复展示。图 2.28 给出了 100 个航空发动机测试集样本最终剩余寿命预测结果与实际剩余寿命值的比较图，从图中可以发现利用本章提出的装备剩余寿命预测方法得到的剩余寿命预测值与实际值相差不大。

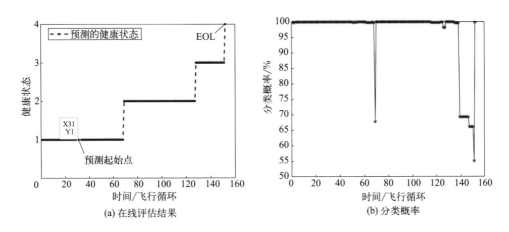

图 2.27　发动机测试样本♯1 在线评估结果与分类概率

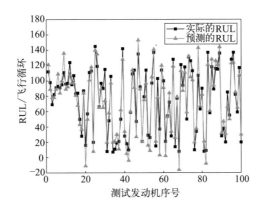

图 2.28　100 个发动机测试样本 RUL 预测结果

本章将提出的系统剩余寿命预测方法分别与常用的单变量预测方法、直接预测方法和多变量预测方法，从预测误差范围到得分等 5 个方面进行比较。其中，文献［86］利用稀疏贝叶斯方法构建系统的综合健康度指标，再利用统计学习方法实现装备的剩余寿命预测；文献［87］利用 SVR 方法，从航空发动机训练样本学习并且直接构建装备当前健康状态与 EOL 之间的映射关系，实现装备的剩余寿命预测；文献［26，27，88］在多变量预测方法框架下，分别利用 HMM 方法结合简化的核递归最小二乘方法、改进的模糊聚类方法结合改进的人工神经网络和基于信度函数的 K 近邻方法实现了剩余寿命预测。

表 2.3 则给出了本章提出的剩余寿命预测方法与上述 5 种常用预测方法的比较结果。从表中可以得知，本章提出的方法的预测误差范围、及时预测个数、超前预测个数、滞后预测个数和总得分分别是［－41，36］、71、24、5 和 402。较多的及时预测的个数和较低的总得分代表本章提出的方法优于上述几种常用的单变量预测方法、直接预测方法和多变量预测方法。

表 2.3　常用预测方法性能比较

预测方法	预测误差范围	及时预测个数	超前预测个数	滞后预测个数	得分
本章预测方法	［－41，36］	71	24	5	402
单变量预测方法[86]	—	—	—	—	522
直接预测方法[87]	—	70	—	—	449
多变量预测方法[88]	［－39，60］	48	40	12	1046
多变量预测方法[26]	［－33，37］	40	39	26	612
多变量预测方法[27]	［－85，120］	53	36	11	—

2.8　本章小结

本章针对传感器监测变量数据集存在的无标签、不均衡、初值不确定和评估过程不确定性，提出了基于多变量 DLSTM 的装备长期预测模型，实现了传感器监测变量的退化趋势分析。在多变量预测方法框架下，结合提出的基于多变量深度森林的系统级健康状态评估模型，实现了装备的健康状态评估与剩余寿命预测，解决了传统多变量预测方法通常忽略的装备不同健康状态的剩余时间预测和预测过程的不确定性问题，并且进行了相应的算法验证和对比实验。从对比结果可以发现，本章提出的方法优于常用的几种单变量预测方法、直接预测方法和多变量预测方法。

第**3**章 基于相似性模型的剩余寿命预测方法

3.1 概述

目前基于数据的剩余寿命预测主流方法是基于回归和状态外推的方法，这两类方法要么需要投入大量的精力去发掘适合当前状态变量的预测模型，要么对数据样本的要求比较高，而且其中的一些假设还需进一步验证。而基于相似性模型的剩余寿命预测方法原理简单，其核心思想是从一定数量的历史参照样本（同类型设备）的时间序列模式中寻找到与当前样本相近的模式序列，将相似的历史时间序列模式之后的剩余寿命的加权平均作为当前样本的剩余寿命，其中权重值可根据当前样本与历史参照样本的相似度进行分配。时间序列模式是指一段时间内序列形态的变化趋势，体现对象在一个阶段中的演化规律。时间序列中的一些模式具有明确含义[87,89,90]。

基于相似性模型的剩余寿命预测方法不需要预先设定失效阈值或者寻找失效面，因而能够避免确定失效阈值的困难和失效阈值设定不准确带来的预测误差，且该方法在对象离失效状态尚远时，也可进行长远的预测。因此，该方法能够很好地运用在实际工程问题中。在某些部件通过寿命试验累积了一定量数据样本的情况下，基于相似性模型的剩余寿命预测方法具有很强的适用性。虽然基于相似性模型的剩余寿命预测方法简便、有效，但目前仍存在时间序列模式的表达、初始状态不确定的相似度计算、相似样本的权重分配等问题，尚未得到有效解决[91,92]。

本章以构建的健康指标（HI）为数据样本的时间序列模式表达，研究基于相似性模型的剩余寿命预测方法中的主要问题，在相似性评估中将初始状态不确定性的问题转变为序列片段的时延问题，并提出一种基于核密度估计（kernel density estimation，KDE，又称 Parzen 窗口方法）的相似样本权重分配算法[93-95]。最后，通过 NASA 预测中心公开的航空发动机退化数据集对本章提出的算法进行了验证。

3.2 主要思想

基于相似性模型的剩余寿命预测方法本质上是一种基于实例的学习方法，其内容主要涉及三个方面：

a. 时间序列表达：用简洁的形式表达与问题相关的时间序列特征。

b. 相似性评估：相似性评估又包括相似性度量和相似性搜索两步。

c. 模型的综合：用合适的加权方式对相似样本进行加权融合，作为最终的估计结果。

三个方面是承接递进的一个整体：时间序列表达和相似性度量是基础，决定着相似性匹配的准确性；相似性搜索是前两个环节的延伸和扩展；模型的综合会影响最终的预测结果。

本章首先利用多性能参数的航空发动机退化数据，从两个方面（相关性最大和冗余性最小）对初始特征集进行特征融合，分别提出了一种基于 Relief 算法的退化特征筛选方法和基于主成分分析的正交退化特征提取方法。再采用 Kernel 平滑的方式建立正交退化特征与 HI 之间的关系。进而，基于构建的 HI 时间序列，对当前样本的 HI 序列与历史参照样本模型库中的 HI 序列进行相似性评估。然后，根据权重函数分配相似样本的权重，对相似样本的剩余寿命进行加权综合，得到最终当前样本的剩余使用寿命。基于相似性模型的剩余寿命预测流程如图 3.1 所示。由上述的预测过程可知：当前样本与历史数据应属于同一类设备，且其运行条件应该接近或者相同；当前样本的剩余寿命是未知的，而模式库中的历史参照样本应该为众多的全寿命周期样本，即在表达 HI 序列的每一时刻，其剩余寿命都是已知的。因此，使用基于相似性模型的剩余寿命预测方法的假设和前提条件有：

① 部件的性能状态指标（状态监测变量）已确定；

② 对于当前部件的性能变化指标可以进行监测和记录；

③ 存在同一类型的历史样本记录，内容包括历史样本从性能正常开始退化直至失效时刻（或预防性维护、终止运行）的监测变量的连续记录，以及失效（或预防性维护、终止运行）时间，即全寿命周期数据。

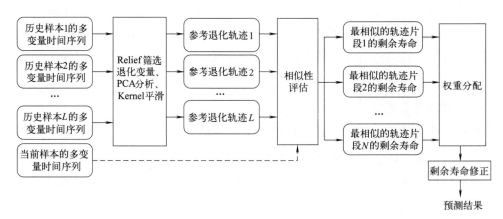

图 3.1　基于相似性模型的剩余寿命预测流程

3.3 多变量退化特征提取

3.3.1 基于 Relief 算法的退化特征筛选

航空发动机的性能状态通过多个可测参数表现，但不同参数对整个系统退化过程的敏感程度不一样。好的特征参数应能反映系统级退化趋势，而有些特征退化行为不明显或受其他干扰因素污染严重，引入这些特征反而会弱化剩余寿命预测方法。因此，首先要对原始特征参数进行筛选，获取最能体现系统级健康状态变化的特征信息。

Relief 算法最早是由 Kira 提出的一种多变量过滤式特征选择算法。Kira 认为好的特征不仅能使同类/属性样本相互靠近，同时还具有使不同类/属性样本远离的能力。Relief 算法通过设计样本特征的权重，以样本的聚散性能为指标筛选合适的特征。

假设历史发动机的退化数据从开始至失效经历 E 个时间观测点 t_i（$i=1,2,\cdots,E$），特征变量有 M 维。t_i 处的观测值 x_i 由 M 维特征值构成，即 $x_i=(x_1,x_2,\cdots,x_M)^{\mathrm{T}}$，而每一维特征变量都是长度为 t_E 的时间序列，各时间点处的数据没有直观的类别属性。所以，基于 Relief 算法的退化特征筛选首先要从连续的时间序列数据中分离出不同类别的样本空间。本节按照退化程度对退化数据的时间序列进行归类，早期时间点数据组成退化程度低的一类，末期时间点数据组成退化程度高的一类。

采用 Relief 算法对两类数据筛选退化特征。特征的权重越大，表示该特征对退化的贡献越大，反之贡献越小。首先定义两个时间点的 x_i 和 x_t 对于第 j 个特征的差异为

$$\mathrm{diff}(x_i^j,x_t^j)=(x_i^j-x_t^j)/v_j \tag{3.1}$$

式中，x_i^j 表示第 i 个观测点的第 j 个特征值；v_j 为第 j 个特征的标准化单位。然后，采用如下的退化特征筛选方法（算法 3-1）。

算法 3-1	基于 Relief 算法的退化特征筛选
输入：	样本集 X，抽样次数 k，特征权重阈值 τ
输出：	选择后的特征集 R
过程：	
1：	取出所有历史发动机退化数据集最初运行的前 T_0 个时间点的观测数据作为性能正常数据，$Q_0=\{\mathrm{Tree}_0(t)\|t=1,2,\cdots,T_0\}$，$t$ 表示运行时间点，$Q_0=\{$正例$\}$
2：	取出所有历史发动机退化数据集的性能失效数据，即取出每个数据集最后 T_1 个时间点的观测数据，$Q_1=\{\mathrm{Tree}_1(t)\|t=t_{E-T_1+1},t_{E-T_1+2},\cdots,t_E\}$，$Q_1=\{$负例$\}$
3：	初始化权重 $W=(0,0,\cdots,0)$
4：	for $i=1$ to k do
5：	随机选择一个样例 $x\in Q_0\cup Q_1$
6：	随机选择一个 X 的最近邻正例 $Z^+\in Q_0$
7：	随机选择一个 X 的最近邻负例 $Z^-\in Q_1$
8：	if X 是一个正例 do
9：	Near-hit$=Z^+$；Near-miss$=Z^-$
10：	else Near-hit$=Z^-$；Near-miss$=Z^+$
11：	end if

12:	for $j=1$ to M do
13:	$w_j=w_j-\dfrac{\mathrm{avg}(\mathrm{diff}(x^j,\text{Near-hit}^j))}{k}+\dfrac{\mathrm{avg}(\mathrm{diff}(x^j,\text{Near-miss}^j))}{k}$
14:	end for
15:	归一化 w_j
16:	for $j=1$ to M do
17:	if $w_j\geqslant\tau$ do
18:	输出 f_j 是一个相关的特征
19:	else 输出 f_j 不是一个相关的特征
20:	end if
21:	end for
22:	end for

本节设定特征权重阈值 $\tau=\mathrm{avg}(w)$，经上述算法可以筛选出 m 个特征，能构建新的特征集 $\boldsymbol{F}'=\{f_1,f_2,\cdots,f_m\}$。

3.3.2　基于主成分分析的退化特征提取

虽然通过 Relief 能够从多域高维的特征值中筛选出与系统退化行为更相关的特征，但退化特征之间存在一定的相关关系。因此，需要通过相关的手段减少退化特征之间的冗余性，提取更简洁、有效的正交退化特征，降低问题分析的复杂性。

主成分分析（principal component analysis，PCA）是一种考察变量之间相关性的多变量统计方法，它通过正交变换将多个可能存在相关性的 M 维特征，转换为少数（P 个）线性不相关的主成分特征（$P<M$），主成分特征既保留了原始特征的主要信息，又消除了特征之间的相关性。求取主成分的过程可以理解成逐次求解特征最大方差方向的过程，这是因为通常认为方差越大，表示包含的特征信息量越大。第一个主成分的坐标轴是原始数据中方差最大的方向，第二个新坐标轴选择的是与第一个坐标轴正交且方差次大的方向。重复该过程，重复次数为原始数据的特征维数。PCA 原理如图 3.2 所示。通过这

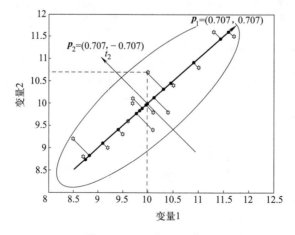

图 3.2　PCA 原理示意图

种方式获得的新的坐标轴，大部分方差都包含在前面几个坐标轴中，后面的坐标轴所含的方差几乎为 0。因此，剩下的坐标轴方向就可以忽略，只保留前面的几个含有绝大部分方差的坐标轴，实现了用少数几个特征代替原始维数较高的特征，同时，也保证了这些特征之间的正交性。

假设发动机的历史退化数据 X 经特征筛选后具有 m 维特征变量，$X=(x_1, x_2, \cdots, x_m)^T \in \mathbf{R}^{t_E \times m}$，$x_j=(x_{j1}, x_{j2}, \cdots, x_{jt_E})$ 表示第 j 个特征变量的时间序列，PCA 对 m 维数据提取主成分的方式为：

① 首先对 X 标准化处理（均值归 0，方差归 1），标准化后矩阵为 X^*；

② 求 X^* 协方差矩阵（$m \times m$ 维）的特征值 $\lambda_j (j=1, 2, \cdots, m)$ 和特征向量；

③ 对 λ_j 值按从大到小降序排列，即 $\lambda_1 \geqslant \lambda_2 \geqslant \cdots \geqslant \lambda_m$，计算累计贡献率 $\theta = \sum_{j=1}^{P} \lambda_j / \sum_{j=1}^{m} \lambda_j$，通常要求 θ 大于 85%，取前 P 个特征值对应的特征向量按序组成特征向量矩阵 $V_P^T (t_E \times P$ 维)；

④ 将 X^* 在 V_P^T 作投影，得到降维后主成分 Y 的计算公式为：

$$Y=(y_1, y_2, \cdots, y_P)^T = V_P^T X^* \tag{3.2}$$

式中，Y 定义为 X 的主成分特征，y_1 为第一主成分，y_2 为第二主成分，依次类推；由式（3.2）可知，保留的前 P 个主成分是原始数据特征集在 V_P^T 上的投影，也可以看成退化特征的线性组合结果，它既保留了原始数据的绝大多数特征信息（一般阈值取 85% 以上），而且特征之间彼此不相关，这里称为正交退化特征。

经 PCA 变换后得到前 P 个主成分为 $Y=(y_1, y_2, \cdots, y_P)^T$，$y_p=(y_{p1}, y_{p2}, \cdots, y_{pt_E})$ 为第 p 个主成分的时间序列。定义 F_l 为第 l 个历史样本的退化模型，F_l 可由主成分特征关于时间的函数表示：

$$F_l: y=f(t)+\varepsilon, 0 \leqslant t \leqslant t_E \tag{3.3}$$

式中，ε 为噪声信号，通常认为是高斯白噪声；$f(t)$ 为特征随时间变化的实际退化轨迹。F_l 模型认为能观测到的退化特征（这里为主成分特征）由实际特征退化轨迹加上噪声组成。许多参数和非参数拟合的方法都可以用来求解 $f(t)$，如选择合适的函数形式进行参数拟合。此外，通过滑动平均、Kernel 平滑、支持向量回归等方法也都可解得 $f(t)$。Kernel 平滑属于非参数拟合，只利用训练数据本身进行平滑，适用范围广，可根据实际平滑程度需要来自行调整宽度参数，且计算方便。因此，本节采用 Kernel 平滑的方法来构建系统 HI，对数据的平滑方式为：

$$y(t) = \left[\sum_{i=1}^{E} K(t, t_i) y_i \right] \bigg/ \sum_{i=1}^{E} K(t, t_i) \tag{3.4}$$

式中，$K(\cdot)$ 为核函数，通常使用高斯核：

$$K(t, t_i) = \exp\left(-\frac{\|t - t_i\|^2}{2\rho^2}\right) \tag{3.5}$$

式中，ρ 为宽度参数。通常采用交叉验证的方法选取合适的宽度参数。

3.4 基于退化特征相似性的剩余寿命预测

3.4.1 基于时间序列片段时延的相似性评估

相似性评估以退化特征表示的轨迹作为输入，用某种度量方法定量刻画两条时间序列的相似程度/距离，并以该相似程度为基础，寻找与当前样本的序列模式相似的历史时间序列。因此，相似性评估内容可分为两部分：一为相似性度量，二为相似性搜索。

本节首先对当前样本和历史样本进行相似性度量，前提是对当前样本采用与历史样本同样的退化轨迹提取方式，只有在同一变换方式下，两条退化轨迹才具有可比性。同一变换包括 Relief 保留的特征集 $\boldsymbol{F}'$，PCA 的投影矩阵 $\boldsymbol{V}_P^T$，Kernel 平滑的核函数。通过历史数据集训练的 $\boldsymbol{F}'$ 和 Kernel 平滑核函数具有通用性，而每个历史参考数据的 PCA 投影矩阵是独特的。

假设历史数据集共有 L 个样本，第 l 个历史参照样本的 HI 时间序列记为 $\boldsymbol{G}_l$，其时间观测长度为 t_H，当前待预测寿命样本的 HI 序列记为 $\boldsymbol{Z}_C$，其时间观测长度为 t_C，由于当前样本还未发生失效，所以通常 $t_C < t_H$。假设健康指标 HI 服从方差为 σ^2 的高斯分布，那么，当前样本的 HI 序列与第 l 个历史参照样本的 HI 时间序列的似然函数为：

$$
\begin{aligned}
L(\boldsymbol{Z}_C \mid \boldsymbol{G}_l) &= \prod_{t=1}^{C} (2\pi\sigma^2)^{-\frac{1}{2}} \exp\left(-\frac{[z_C(t) - g_l(t)]^2}{2\sigma^2}\right) \\
&= (2\pi\sigma^2)^{-\frac{C}{2}} \exp\left(-\sum_{t=1}^{C} \frac{[z_C(t) - g_l(t)]^2}{2\sigma^2}\right) \\
&= \left[(2\pi\sigma^2)^{-\frac{1}{2}} \exp\left(-\frac{1}{C}\sum_{t=1}^{C} \frac{[z_C(t) - g_l(t)]^2}{2\sigma^2}\right)\right]^C
\end{aligned}
\tag{3.6}
$$

当前样本与第 l 个历史参照样本之间的相似性 ^lS 可以用似然函数的 $1/C$ 次方来表示：

$$
^lS = [L(\boldsymbol{Z}_C \mid \boldsymbol{G}_l)]^{\frac{1}{C}} = (2\pi\sigma^2)^{-\frac{1}{2}} \exp\left(-\frac{1}{C}\sum_{t=1}^{C} \frac{[z_C(t) - g_l(t)]^2}{2\sigma^2}\right) \tag{3.7}
$$

式（3.7）中，$(2\pi\sigma^2)^{-\frac{1}{2}}$ 可以看成一个常数，因此，式（3.7）可以进一步简化为：

$$
^lS = \exp\left(-\frac{1}{C}\sum_{t=1}^{C} \frac{[z_C(t) - g_l(t)]^2}{2\sigma^2}\right) \tag{3.8}
$$

当前样本与第 l 个历史参照样本之间的距离的平方可以定义为：

$$
^lD^2 = -\ln(^lS) = \frac{1}{C}\sum_{t=1}^{C} \frac{[z_C(t) - g_l(t)]^2}{2\sigma^2} \tag{3.9}
$$

在式（3.9）基础上，本节考虑当前样本和历史参考样本的初始状态不同，因此，在式（3.9）距离的计算方式上引入一个时延参数 τ，将初始状态不确定问题转变为时间序列片段的时延问题，基于时间序列片段时延的相似性评估方法的原理如图 3.3 所示。

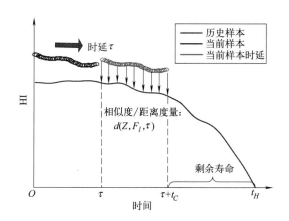

图 3.3　基于时间序列片段时延的相似性评估

由图 3.3 可知，基于时间序列片段时延的相似性评估中，当前样本与历史参照样本间的距离度量方式为：

$$^{l}D^{2}(\boldsymbol{Z}_C,\boldsymbol{G}_l,\tau)=\frac{1}{C}\sum_{t=1}^{C}\frac{\left[z_C(t)-g_l(t+\tau)\right]^2}{2\sigma^2} \tag{3.10}$$

在式（3.10）中，τ 的理论范围是 $0\sim t_H-t_C$，但若当前样本的观测时间结束得较早，即 t_C 较小，此时 t_H-t_C 很大。而当前样本与历史样本都从性能正常状态开始监测，两者初始状态不会差距很大。因此，这里对 τ 的上界进行限制，设定最大时延为 $\tau_{\max}$，记 $\tau^{*}=\min\{t_H-t_C,\tau_{\max}\}$。

根据相似性的思想，当前样本的剩余寿命为：

$$r=t_H-t_C-\tau+1,\tau\in\left[0,\tau^{*}\right] \tag{3.11}$$

相似性搜索是从历史参考时间序列模式集合中寻找和当前样本相似的退化模式，其过程可以描述为：给定历史典型退化模式序列 $\boldsymbol{G}$ 和相似性度量模型 $\mathrm{Sim}(\cdot,\cdot)$，从 $\boldsymbol{G}$ 中找出与 $\boldsymbol{Z}$ 相似的 HI 序列片段组成一个集合 $\boldsymbol{R}$，即：

$$\boldsymbol{R}=\{x\,|\,x\in\boldsymbol{G}_l,\mathrm{Sim}(\boldsymbol{Z}_C,\boldsymbol{G}_l)>\theta\} \tag{3.12}$$

集合 $\boldsymbol{R}$ 中的元素可能由同一个参考样本提供，但时延不同，也可能由不同参考样本提供。根据式（3.9）给出的距离定义，可得当前样本与参照样本 HI 序列之间的相似性为：

$$^{l}S=\exp(-^{l}D^{2}) \tag{3.13}$$

定义当前样本的相似矩阵 $\boldsymbol{Sim}_c$ 中存放与历史时间序列模式相似的信息，表示为 $\boldsymbol{Sim}_c=(^{1}\boldsymbol{S}_c,\cdots,^{l}\boldsymbol{S}_c,\cdots,^{L}\boldsymbol{S}_c)$。其中，$^{l}\boldsymbol{S}_c$ 中存放当前样本和第 l 个历史参照样本的相似度信息，$^{l}\boldsymbol{S}_c=[^{l}S_c(1),\cdots,^{l}S_c(\tau),\cdots,^{l}S_c(\tau^{*})]$。$^{l}S_c(\tau)$ 的计算方式为：

$$^{l}S_{c}(\tau) = \exp\left[-{}^{l}D^{2}(\mathbf{Z}_{C}, \mathbf{G}_{l}, \tau)\right] \tag{3.14}$$

$^{l}S_{c}(\tau)$ 表示当前样本 $\mathbf{Z}_{C}$ 与第 l 个历史时间序列在 τ 到 $t_{C}+\tau$ 时间片段上的相似度，将 $\mathbf{Sim}_{c}$ 中的所有元素按从大到小降序排列，选择前 N 个值，即代表和当前样本最相似的 N 个历史时间序列片段。并根据 $^{l}S_{c}(\tau)$ 的两个参数 l 和 τ 对相似时间序列片段进行定位，l 表示和第 l 个历史样本的 HI 序列相似，τ 表示和这个历史序列的起始相似时间。凭借这两个参数的定位信息，完成对当前样本最相似的历史时间序列片段的搜索，搜索完成后根据式（3.11）计算当前样本的剩余寿命。

3.4.2 基于 KDE 密度加权的模型综合

假设最相似的 N 个历史 HI 序列片段的剩余寿命估计值和对应的相似度组成一个集合 $\mathbf{R} = \{(r_{n}, S_{n}) \mid n = 1, 2, \cdots, N\}$，模型综合的目标是聚合多个相似 HI 序列片段的估计值，得到 RUL 的最终预测值。最简单的综合方法是使用相似加权和，它提供剩余寿命的点估计方式为：

$$\hat{r} = \frac{\sum_{n=1}^{N} S_{n}gr_{n}}{\sum_{n=1}^{N} S_{n}} \tag{3.15}$$

除了按相似度进行线性加权求和，还可以按分布密度的大小对相似样本的剩余寿命进行模型的综合。数学中，可以用概率密度来描述变量在某个确定取值点附近的可能性，因此本节对相似样本的剩余寿命求取概率密度函数，然后采用密度加权的方式得到最终的估计值。

概率密度估计的方法有两种：参数法和非参数法。参数估计方法适用于数据分布的形式已知，而表征概率密度函数的某些参数未知的情况。当数据分布形式未知时，可采用非参数估计对概率密度函数进行估计，非参数估计只利用训练数据本身对概率密度做估计，不需要概率密度函数的形式已知，可以处理任意的数据分布，常用的方法有直方图、核密度估计等。非参数估计的方法比较依赖数据，需要一定数量的数据样本支撑，当数据样本数量较大时，得到的估计结果会比较准确。此处对相似样本剩余寿命的概率分布没有任何先验知识，所以采用 KDE 估计的方法求取相似样本剩余寿命的概率密度函数。KDE 的原理是将一个平滑的、峰值突出的函数（也就是核函数）放在每一个数据点的位置上，在任意数据点处的概率密度由该点所有核函数的作用效果叠加起来，以此获得一条光滑的曲线。KDE 估计相似样本剩余寿命的概率密度函数为：

$$\hat{p}(r) = \frac{1}{N} \sum_{n=1}^{N} K_{h}(r - r_{n}) = \frac{1}{Nh} \sum_{n=1}^{N} K\left(\frac{r - r_{n}}{h}\right) \tag{3.16}$$

式中，$K(\cdot)$ 为核函数，它通常满足对称性以及 $\int K(x)\mathrm{d}x = 1$。核函数本质上是一个权重函数，本节采用 Gaussian 核，其表达式为：

$$K_h(r) = \frac{1}{\sqrt{2\pi}} \exp\left(-\frac{1}{2}r^2\right) \tag{3.17}$$

在这里，考虑每个 r_n 都有一个权重 S_n 与之对应，将式（3.17）写成：

$$\hat{p}_h(r) = \frac{1}{\sum\limits_{n=1}^{N} S_n} \sum_{n=1}^{N} \frac{S_n}{\sqrt{2\pi}h} \exp\left[-\frac{1}{2}\left(\frac{r-r_n}{h}\right)^2\right] \tag{3.18}$$

式中，h 称为平滑参数或者窗宽。在核密度估计中，最优窗宽的选择通常比核函数的选择重要。窗宽越大，估计的密度函数就越平滑，但偏差可能会比较大。如果窗宽选得比较小，那么估计的密度曲线和样本拟合较好，但可能很不光滑，一般以偏差和方差最小为选择原则，即 h 满足：

$$\min_h \text{MSE}[\hat{p}(r)] = [\text{Bias}(r)]^2 + \text{Var}[\hat{p}(r)] \tag{3.19}$$

由于 $\text{Bias}(r) = o(h^2)$，故 $[\text{Bias}(r)]^2 = o(h^4)$，而 $\text{Var}[\hat{p}(r)] = o\left(\frac{1}{Nh}\right)$，式（3.19）可化为：

$$\min_h \text{MSE}[\hat{p}(r)] = k_1 h^4 + \frac{k_2}{Nh} \tag{3.20}$$

式中，k_1、k_2 为系数。最优带宽可表示为 $h' = o(K^{-0.2})$。在核密度估计的实践中，最优带宽的选择比核密度估计核的选择重要许多。实际中，有很多种确定最优带宽的方法，如拇指原则、无偏交叉验证法以及解方程法。本节采用无偏交叉验证的方法，对式（3.20）最小化：

$$CV_f(h) = \frac{1}{Nh^2 \sum\limits_{i=1}^{N} \sum\limits_{j=1}^{N} \overline{K}_h(r_i - r_j)} - \frac{2}{N(N-1)} \sum_{i=1}^{N} \sum_{j=1}^{N} K_h(r_i - r_j) \tag{3.21}$$

式中，$\overline{K}_h(\bullet) = \int K_h(r) K_h(v-r) \mathrm{d}r$。代入核函数，得到 $\overline{K}_h(\bullet)$。于是获得剩余寿命的估计方式为：

$$r_c = \int \hat{p}_h(r) \mathrm{d}r \tag{3.22}$$

由于这里求取相似历史 HI 序列片段的剩余寿命分布，基于数据分布的要求，相似序列片段的数据量 N 应满足 $N \geqslant 20$。

3.5 实验验证

本节同样采用 NASA 预测中心公开的航空发动机退化数据集 FD001 对基于相似性的剩余寿命预测方法进行研究，该数据集进一步分为训练集和测试集，训练集包括 100 组运行到故障状态的样本，每个单元记录了完整地从正常（具有不同程度的初始磨损）到故障状态变化过程中 21 个传感器测量值，可用于建立剩余寿命预测模型。测试集包括 100 组只提供历史较早部分的监测信息，但是测试样本的实际寿命仍然是已知的，可用于预测验证评估模型。本节使用该数据集对提出的基于相似性的剩余寿命预测方法进行算法验证，包含两种：

① 关于待测样本的一系列剩余寿命预测，即对样本沿寿命递减方向的每个时刻做出剩余寿命预测，直到不提供数据的时间为止。在该验证环节中，仅用训练集进行算法验证，因为测试数据集不包含具有完整地运行到故障数据的样本。因此，将训练集分割成两部分，一部分用于模型训练，一部分用于测试验证。

② 对测试数据集进行剩余寿命预测验证。测试集样本的验证只对样本最后监测时刻的剩余寿命进行预测，因为其只包含最后监测时刻的剩余寿命的真实信息。

3.5.1 预测性能指标

最终的剩余寿命预测模型可以从不同的性能角度进行评估，性能指标的选择一直是热门的研究课题。传统的预测评价指标有基于准确度的、基于精度的、基于预测模型的鲁棒性的性能度量等，这些方法在对算法的真实优缺点进行评估方面可能存在局限性。本节采用了以下几种性能指标对预测模型的效果进行评价。

(1) 预测区间 （prediction horizon，PH）

针对第一种预测验证，即定义在每个待预测样本剩余寿命预测开始时间 t_P 之后的一系列剩余寿命预测上，假设最后的预测时间记为 t_{endP}，表示有效预测的结束，PH 定义为首次满足 α 边界准则的预测时间：

$$\text{PH}=t_E-t_{i_\alpha} \tag{3.23}$$

式中，i_α 是首次满足 α 边界准则的预测时间点。t_{i_α} 的计算方式为：

$$t_{i_\alpha}=\min\{t_i\,|\,t_i\in[t_P,t_{endP}],r_i{}^*-\alpha g t_E\leqslant r_i\leqslant r_i{}^*+\alpha g t_E\} \tag{3.24}$$

式中，r_i 为预测模型在每个时间点 t_i 处剩余寿命的估计值，而 t_i 处的真实寿命为 $r_i{}^*$（$=t_E-t_i$），α 边界准则用来评估 r_i 是否落在真实值 $r_i{}^*$ 的 α 边界之内。图 3.4 是当 $\alpha=20\%$ 时，预测区间 PH 的示意图。

(2) 可接受预测率 （rate of acceptable predictions，AP）

AP 用来评估落入可接受预测误差率的锥形区域的所有 $t_i\geqslant t_H$ 的预测率，AP 定义为满足 α 锥形边界准则的平均预测率：

$$\text{AP}=\text{Mean}\{\delta_i\,|\,t_H\leqslant t_i\leqslant t_{endP}\} \tag{3.25}$$

$$\delta_i=\begin{cases}1,(1-\alpha)r_i{}^*\leqslant r_i\leqslant(1+\alpha)r_i{}^*\\0,\text{其他情况}\end{cases} \tag{3.26}$$

式中，t_H 是预测开始时的一个下界值，可以是 PH，也可以是一个指定的具体的值。图 3.5 是在 $\alpha=20\%$ 锥形边界下 AP 的示意图。

由图 3.5 可知，PH 定义了基于 $\pm\alpha g t_E$ 的 α 边界准则，而 AP 定义为 $\pm\alpha g t_i$ 的收缩锥形 α 边界，因此，AP 对预测误差提出了更严格的要求。PH 和 AP 只适用于评价每个样

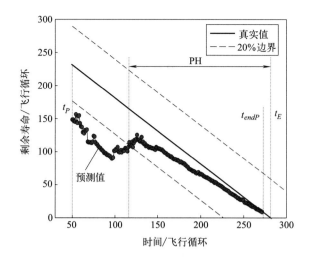

图 3.4　20% 边界预测区间

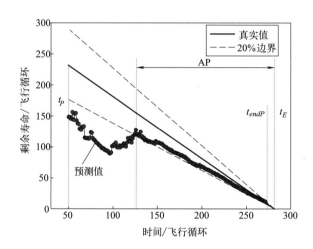

图 3.5　20% 锥形边界可接受预测率

本 RUL 预测开始时间 t_P 之后的一系列剩余寿命预测中。

（3）平均相对准确率（mean relative accuracy，MRA）

MRA 评估所有 $t_i \geqslant t_H$ 的平均绝对百分比误差率。与 AP 评估相比，MRA 提供了在指定预测范围内的预测精度的定量度量。

$$\text{MRA} = 1 - \text{Mean}\left\{\frac{|r_i - r_i^*|}{r_i^*} \mid t_H \leqslant t_i \leqslant t_{endP}\right\} \tag{3.27}$$

MRA 既适用于评价每个待测样本 RUL 预测开始时间 t_P 之后的一系列剩余寿命预测，也可用于评价 C 个测试数据集的样本的预测结果验证，其表达式为：

$$\text{MRA} = 1 - \text{Mean}\left\{\frac{|r_c - r_c^*|}{r_c^*} \mid c = 1, 2, \cdots, C\right\} \tag{3.28}$$

式中，r_c 和 r_c^* 分别表示第 c 个测试样本剩余寿命的预测值和真实值。

(4) 误差函数 Score

MRA 只能表达预测误差 $d_i(= r_i - r_i^*)$ 的大小，不能反映误差的正负，但是在 RUL 预测中，预测误差的正负决定预测结果是超前预测还是滞后预测，从而影响维修决策，因此需要定义一个性能指标用于对预测误差的大小进行评价。2.6.2 节给出了基于指数函数的预测误差惩罚项，对大于零的剩余寿命预测误差给予更高的惩罚值，本节在此基础上结合 sigma 函数提出了误差函数 Score 的概念，定义 Score 的计算方式为：

$$S_i = \begin{cases} \dfrac{2}{1+e^{-d_i/13}}, & d_i \leqslant 0 \\[3mm] \dfrac{2}{1+e^{d_i/10}}, & d_i > 0 \end{cases} \tag{3.29}$$

$$\text{Score} = \text{Mean}\{S_i \mid t_H \leqslant t_i \leqslant t_{endP}\} \tag{3.30}$$

根据式（3.29）可知，Score 值越小，表示其预测性能越差。Score 函数图像如图 3.6 所示。

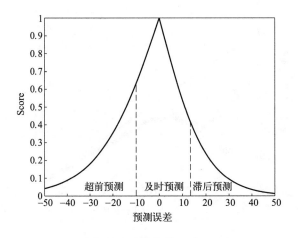

图 3.6　Score 函数曲线

如图 3.6 所示，Score 函数是非对称的，其右半边曲线（预测误差大于 0）表示的滞后预测下降速度高于滞前预测，说明滞后预测性能更差。Score 函数既适用于评价每个待预测样本剩余寿命预测开始时间 t_P 之后的一系列剩余寿命预测，也可用于评价 C 个测试数据集样本的预测结果验证，其表达式为：

$$\text{Score} = \text{Mean}\{S_c \mid c = 1, 2, \cdots, C\} \tag{3.31}$$

(5) 综合性能指标

为了最终比较不同模型的预测性能，特别是在模型相关参数优化的过程中，需要建立综合性能指标（目标函数）。在上述四个性能指标中，除了 PH 值以时间为单位，其他指标值都介于 0 和 1 之间（1 表示最好）。因此，PH 将被用作性能的初步要求，目标函数为其他三个指标（AP、MRA、Score）的加权和：

$$\max(\omega_1 \times AP + \omega_2 \times MRA + \omega_3 \times Score) \qquad (3.32)$$

式中，权重 ω_1、ω_2、ω_3 可根据设计理想的预测算法的需求选择。本书针对高可靠性设备，希望预测结果相对保守，以提高设备运行的安全性，因此，少一点 AP 和 MRA 的占比，而更强调误差函数 Score，这里对三个性能指标的权重进行如下分配：

$$\omega_1 = 0.3, \ \omega_2 = 0.3, \ \omega_3 = 0.4 \qquad (3.33)$$

3.5.2 相似性评估与参数选择

首先，针对待预测样本剩余寿命预测开始时间 t_P 之后的一系列剩余寿命预测，在本书提出的基于时间序列片段时延的剩余寿命估计框架下，除了距离定义可以自由选择，还有另外两个参数需要确定——最大时延 τ_{max} 与相似序列片段的数量 N。若最大时延 τ_{max} 很小，时延的效果不好；τ_{max} 很大，易引入误差样本。若数量 N 过小，相似样本的剩余寿命密度加权的权重值不够准确；若 N 很大，易引入不相似的样本，影响剩余寿命估计的结果。本书采取十折交叉验证的方式对 τ_{max} 和 N 进行参数优化，具体验证步骤如下：

① 将训练数据集的 100 个样本随机地分成 10 份；

② 对模型中的指定参数进行设置；

③ 将其中 1 份用于测试，剩余的 9 份用于训练模型；

④ 重复步骤③10 次，直到 10 份中的每一份都被用于测试一次；

⑤ 计算每次迭代后的评价指标，将 10 次迭代性能指标的均值作为评价模型的最终值；

⑥ 重复步骤②到⑤的所有模型设置进行测试验证。

相似性评估的对象是测试样本与训练样本的 HI 时间序列。因此，首先在训练模型阶段通过 3.3 节的多变量退化特征提取方法得到所有样本的 HI 时间序列，图 3.7 反映了训练样本的 HI 随时间的变化曲线。

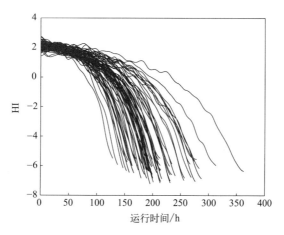

图 3.7 训练样本的 HI 时间序列

由图 3.7 可知，训练样本的 HI 时间序列的初始状态不同，各样本的退化模式也不同。在测试期间，对于每个测试样本，在 t_P 和 t_{endP} 之间的每个时间做出相应的剩余寿命预测，其中，在本案例研究中使用以下选择：

$$t_P = t_H = 80, \quad t_{endP} = t_E - 10$$

在交叉验证过程中，每次迭代包括 100 个样本，每个预测样本包括数百个时间点的剩余寿命预测，计算量庞大，不容易用经典搜索方法进行参数优化。因此，本节只对一些预选值进行测试验证。这些预选值分别是：$\tau_{max} = 5$、10、15、20；$N = 20$、40、60、80、100。此外，对这两个参数不进行同时优化，而是按预测流程中的顺序，以进一步减少计算负荷。首先调整相似性评估环节中的最大时延 τ_{max}，然后对模型综合中相似序列片段的数量 N 进行调整，对这两个参数取不同值，预测模型的性能指标总结在表 3.1 和表 3.2 中。

表 3.1　相似性评估选取不同最大时延 τ_{max} 时模型性能

性能指标	最大时延 τ_{max}			
	5	10	15	20
PH($\alpha = 0.2$)	109.9333	109.9333	99.9333	99.9333
AP($\alpha = 0.2, t_H = 80$)	0.5238	0.4364	0.5065	0.4914
MRA($t_H = 80$)	0.7540	0.7578	0.7961	0.7900
Score	0.5429	0.5284	0.6000	0.5921
Total = 0.3AP + 0.3MRA + 0.4Score	0.6005	0.5696	0.6308	0.6213

表 3.2　模型综合选取不同数量的相似序列片段时模型性能

性能指标	相似序列片段的数量 N				
	20	40	60	80	100
PH($\alpha = 0.2$)	107.44	107.44	107.44	107.44	107.44
AP($\alpha = 0.2, t_H = 80$)	0.5435	0.6339	0.5004	0.4687	0.4681
MRA($t_H = 80$)	0.7809	0.7961	0.7616	0.7422	0.7296
Score	0.5842	0.6023	0.5313	0.4838	0.4618
Total = 0.3AP + 0.3MRA + 0.4Score	0.6310	0.6687	0.5911	0.5568	0.5440

表 3.1 和表 3.2 的结果表明，本章提出的预测模型在最大时延 $\tau_{max} = 15$、相似序列片段的数量 $N = 40$ 时，综合性能指标 Total 的值最大，即此时的预测模型具有最好的预测性能。图 3.8 所示是采用该预测模型对几个预测样本在 t_P 之后的一系列剩余寿命进行预测的结果。

在得到最优的预测模型后，本书还对测试数据集的 100 个样本进行了验证，其预测过程是将训练数据集中的 100 个样本用于训练，测试数据集的 100 个样本用于模型验证，采用上述最优模型对测试数据集的 100 个样本进行预测，结果如图 3.9 所示。表 3.3 则对预测结果细化了相关指标表，并将其结果与随机森林模型、文献 [88] 的结果进行对比。

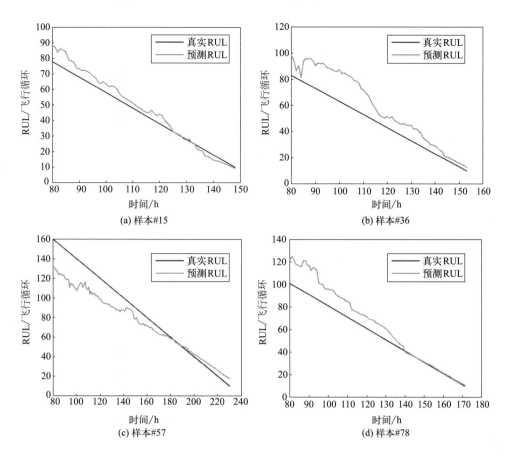

图 3.8 一些预测样本在 t_P 之后的一系列剩余寿命预测结果

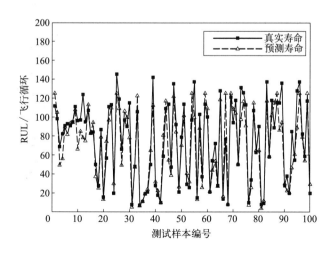

图 3.9 测试集 100 个样本基于相似性的预测结果

由图 3.9 可知，本章提出的基于相似性的剩余寿命预测最优模型对测试集的寿命预测结果与真实寿命非常接近，具有很好的预测效果，再次证明该预测方法的有效性。由表 3.3 可知，基于相似性的方法在各项评价指标上都明显优于随机森林模型。与文献［88］结果相比，本书预测误差范围与 Score 表现略低于文献［88］，但及时预测样本个数比文献［88］多了 23 个，说明基于相似性的方法对测试样本及时预测的可能性更大。

表 3.3　几种模型对测试集的预测结果对比

性能指标	基于相似性的剩余寿命预测最优模型	随机森林模型	文献[88]提出的模型
预测误差范围	［-45,42］	［-52,66］	［-33,37］
平均绝对百分比误差（MAPE）	0.8195	0.7595	—
Score	0.6273	0.4687	0.6579
及时预测样本个数	63	50	40
超前预测样本个数	10	27	34
滞后预测样本个数	27	23	26

3.6　本章小结

本章以健康指标 HI 序列作为时间序列的表达，针对相似性评估中初始状态不确定的问题，提出了一种基于时间序列片段时延的相似性剩余寿命预测方法，然后采用 KDE 估计相似样本的剩余寿命分布，以密度加权的方式估计当前样本的剩余寿命。实验结果分析中针对航空发动机剩余寿命预测，提出了几个预测模型评价指标和一个综合评价指标，结合综合评价指标对预测模型中的自由参数进行寻优，并验证了算法的有效性。

第**4**章　基于随机过程模型的剩余寿命预测方法

4.1　概述

　　电气、机械和制造系统会随着部件或系统的老化而发生退化，因此，提前测试对于避免故障和保证系统的可靠性和安全性直到寿命结束（EoL）变得尤为重要[96]。由于现有高可靠性长寿命装备退化过程缓慢且需要很长时间才能获得装备全寿命周期失效时间数据，传统的正常应力条件下的剩余寿命预测与可靠性测试技术无法应用于高可靠性装备。因此，基于加速退化试验的剩余寿命预测引起了人们的广泛关注[97]。

　　在现有文献中，随机过程，包括维纳过程、伽马过程和逆高斯过程，已被广泛用于退化建模。为解决小样本问题，基于模糊理论，文献［98］采用维纳过程构建退化模型。文献［99］采用贝叶斯模型平均来解决维纳过程、伽马过程和逆高斯过程的模型不确定性。文献［100］中考虑了模型错误匹配对预测产品平均故障时间（mean time to failure，MTTF）的影响。文献［101］中还考虑了多个退化路径，并使用方差-协方差矩阵来解决相关和独立问题。然而，所有这些方法都假设退化数据服从某个单一的随机过程。

　　传统方法研究的重点是构建单一的退化机制模型，但单一的退化模型通常不能很好地拟合真实的退化过程，因此可能会出现模型失配的问题。鉴于这些存在的问题，本章研究了一种基于恒定应力加速退化试验的有限混合随机过程模型。组成混合随机过程的权重会影响混合随机过程在拟合真实退化过程中的性能。考虑到存在的小样本问题，对真实数据采用 bootstrapping 技术并引入基于模糊理论的动态权重估计方法。其他分布参数通过 Metropolis-Hastings（M-H）抽样方法估计。最终得到的模型在正常应力条件下进行装备的可靠性估计与剩余寿命预测。

4.2　主要思想

　　通常，加速方法主要分为三类：恒定应力加速退化试验（CSADT）、阶跃应力加速退化试验和步进应力加速退化试验。由于其简单的实现和分析，CSADT 在实际应用中得到了广泛的关注。Park 和 Padgett[102] 提出了一种基于几何布朗运动和伽马过程的 CSADT 加速退化模型。由于 CSADT 方法对产品的最小样本量有一定要求，因此阶跃应力加速退化试验方法引起了人们的重视。Tseng S T 等人[103] 提出了一种基于伽马过程的阶跃应力加速退化试验模型并结合了参数估计方法。步进应力加速退化试验方法由于对设备数据要求高，数据分析复杂，在实际应用中并不常用。Peng 和 Tseng[104] 推导出了步进应力加速退化试验基于非线性维纳过程的加速退化的寿命分布。

本章首先对电连接器的加速退化数据从相应的退化特性进行分析，考虑其退化过程存在的多模态、多过程特性，构建基于混合退化过程的加速退化模型。拟考虑现有加速退化建模中常用的三种随机退化过程，即维纳过程、伽马过程以及逆高斯过程，分别采用不同的权重进行线性加权处理，得到所构建的混合模型。考虑权重随应力及时间的变化关系，通过对权重引入时间变量来构建时变动态权重混合随机过程模型。考虑到数据中存在的不确定问题，采用基于模糊理论的最小二乘参数估计方法来确定权重。由于所建模型的复杂性，极大似然估计无法有效进行分布参数的求解，因此选用基于 M-H 的抽样方法进行分布参数的估计。最终基于首达时间分布求解设备在正常应力下的寿命分布。使用基于随机过程模型的剩余寿命预测方法需要的假设和前提条件有：

① 不同的应力水平不会改变性能退化模型，只会改变退化模型中的参数值；

② 假定初始退化状态 $X(0)$ 为 0；

③ 如果装备的状态达到或超过由装备特性及其功能确定的预先指定的阈值 γ，则装备失效。

4.3 基于加速退化试验的混合退化过程建模

传统的加速退化模型假设退化路径 $X(t)$ 遵循单个随机过程，例如维纳过程、伽马过程、逆高斯过程。在这里，我们认为退化路径 $X(t)$ 遵循本章提出的混合随机过程，也就是上述三个过程的线性组合：

$$X(t) = \varepsilon_1(t)X_1(t) + \varepsilon_2(t)X_2(t) + \varepsilon_3(t)X_3(t) \tag{4.1}$$

式中，$X_1(t)$、$X_2(t)$ 和 $X_3(t)$ 分别代表维纳过程、伽马过程和逆高斯过程随机变量；$\varepsilon_q(t) \in \{\varepsilon_1(t), \varepsilon_2(t), \varepsilon_3(t)\}$ 为退化路径 $X_q(t)(q=1，2，3)$ 的非负权重，服从 $\sum_{q=1}^{3} \varepsilon_q(t) = 1$。具体来说，记为：

$$X_1(t) \sim N(\mu_1 \Lambda(t), \sigma^2 \Lambda(t)), X_2(t) \sim Ga(\alpha \Lambda(t), \beta), X_3(t) \sim IG(\mu_2 \Lambda(t), \lambda \Lambda(t)^2)$$

式中，$\Lambda(t)$ 是一个非负递增函数，也是 $X_1(t)$、$X_2(t)$ 和 $X_3(t)$ 的近似描述；$\mu_1 \Lambda(t)$ 和 $\sigma \sqrt{\Lambda(t)}$ 分别表示 $X_1(t)$ 的均值和标准差；$\alpha \Lambda(t)$ 和 β 分别表示 $X_2(t)$ 分布的形状参数和尺度参数；$\mu_2 \Lambda(t)$ 和 $\mu_2^3 \Lambda(t)/\lambda$ 是 $X_3(t)$ 的均值和方差。此外，应该注意 β 和 λ 是正数。基于上述定义，混合随机过程 $X(t)$ 的概率密度函数 (probabilistic density function，PDF）可以表述为：

$$f_{\text{Mix}}(x) = \frac{\varepsilon_1(t)}{\sqrt{2\pi\sigma^2\Lambda(t)}}\exp\left\{-\frac{\left[x-\mu_1\Lambda(t)\right]^2}{2\sigma^2\Lambda(t)}\right\} + \frac{\varepsilon_2(t)\beta^{-a\Lambda(t)}}{\Gamma(\alpha\Lambda(t))}x^{a\Lambda(t)-1}\exp\left(-\frac{x}{\beta}\right)$$

$$+ \sqrt{\frac{\lambda\Lambda(t)^2\left[\varepsilon_3(t)\right]^2}{2\pi x^3}}\exp\left\{-\frac{\lambda}{2x}\left[\frac{x}{\mu_2}-\Lambda(t)\right]^2\right\}$$

$$(4.2)$$

在加速退化试验建模中，加速模型用于描述退化率 R 和加速应力 S 之间的关系。通过对数变换，一个统一的表达式可以表述为[3]：

$$\ln R = \eta_0 + \eta_1 L(S) \tag{4.3}$$

当 $\eta_0 = \ln\delta_0$，$\eta_1 = -\delta_1$，$L(S) = 1/S$ 时，式（4.3）成为 Arrhenius 模型；

当 $\eta_0 = \ln\delta_0$，$\eta_1 = \delta_1$，$L(S) = \ln S$ 时，式（4.3）成为幂律模型；

当 $\eta_0 = \ln\delta_0$，$\eta_1 = \delta_1$，$L(S) = S$ 时，式（4.3）成为指数模型。

此外，式（4.3）中的 $L(S)$ 可以归一化为[4]：

$$L(S) = \begin{cases} \dfrac{1/S_0 - 1/S}{1/S_0 - 1/S_H}, \text{Arrhenius 模型} \\ \dfrac{\ln S - \ln S_0}{\ln S_H - \ln S_0}, \text{幂律模型} \\ \dfrac{S - S_0}{S_H - S_0}, \text{指数模型} \end{cases} \tag{4.4}$$

式中，S_0、S 和 S_H 分别是正常、当前和最高应力水平。式（4.4）中有 $S_0 = 0$ 以及 $S_H = 1$，且 $L(S) \in [0,1]$。

由于 μ_1、σ^2、μ_2 和 α 随应力的变化而变化，因此线性假设可以适用于这三个模型。因此，μ_1、σ^2、μ_2 和 α 的以下公式成立：

$$\ln\mu_1 = a_1 + b_1 L(S) \tag{4.5}$$

$$\ln\sigma = a_2 + b_2 L(S) \tag{4.6}$$

$$\ln\alpha = u_1 + v_1 L(S) \tag{4.7}$$

$$\ln\mu_2 = u_2 + v_2 L(S) \tag{4.8}$$

然后，需要估计的未知参数为 a_1、b_1、a_2、b_2、u_1、v_1、u_2、v_2、β、λ。此外，式（4.2）中的权重 $\varepsilon_1(t)$、$\varepsilon_2(t)$ 和 $\varepsilon_3(t)$ 也需要估计。

混合过程可以通过调整权重来描述单调或非单调路径。例如，如果存在一条非单调路径，已知伽马过程和逆高斯过程不适合描述此类路径，则动态权重策略可以将 $\varepsilon_1(t)$ 调整为 1 并将 $\varepsilon_2(t)$、$\varepsilon_3(t)$ 调整为 0。式（4.2）中的 β 和 λ 不随应力的变化而变化，但仍需估计。

4.4 混合退化过程的寿命分布

寿命分布可以从用于获得产品可靠性信息的混合随机过程推导出来。在本节中，将推导所提出模型的寿命分布和一些可靠性指标。让 γ 表示所提出的混合模型描述的退化过程的关键故障阈值。那么，寿命 T 可以定义为退化过程 $X(t)$ 第一次越过失效阈值 γ 的时间，即首达时间（first hitting time，FHT）：

$$T = \inf\{t \mid t \geqslant 0, X(t) = \gamma\} \tag{4.9}$$

鉴于 $\Lambda(t)$ 是一个单调递增函数，所提出模型的 FHT 的累积分布函数（cumulative density function，CDF）公式如下：

$$F_T(t) = \varepsilon_1(t) \left[\Phi\left(\frac{\mu_1 \Lambda(t) - \gamma}{\sigma \sqrt{\Lambda(t)}} \right) + \exp\left(\frac{2\mu_1 \gamma}{\sigma^2} \right) \Phi\left(-\frac{\mu_1 \Lambda(t) + \gamma}{\sigma \sqrt{\Lambda(t)}} \right) \right]$$

$$+ \varepsilon_2(t) \Phi\left(\frac{1}{m} \left(\sqrt{\frac{\Lambda(t)}{n}} - \sqrt{\frac{n}{\Lambda(t)}} \right) \right)$$

$$+ \varepsilon_3(t) \left[\Phi\left(\sqrt{\frac{\lambda}{\gamma}} \left(\Lambda(t) - \frac{\gamma}{\mu_2} \right) \right) - \exp\left(\frac{2\lambda \Lambda(t)}{\mu_2} \right) \Phi\left(-\sqrt{\frac{\lambda}{\gamma}} \left(\Lambda(t) + \frac{\gamma}{\mu_2} \right) \right) \right]$$

$$\tag{4.10}$$

式中，$\phi(\cdot)$ 和 $\Phi(\cdot)$ 分别表示标准正态 PDF 和标准正态 CDF，且有 $m = \sqrt{\beta/\gamma}$ 和 $n = \gamma/\alpha\beta$。另外，$\Lambda(t) = t^c$ 的指数形式可用于时间尺度变换，且 $c > 0$。

众所周知，所提出的退化模型的可靠性函数可以直接从 FHT 的 CDF 中获得，并表示为：

$$R_T(t) = 1 - F_T(t) \tag{4.11}$$

平均无故障时间（MTTF）可以计算为：

$$\mathrm{MTTF} = E(T) = \int_0^{+\infty} R_T(t)\mathrm{d}t \tag{4.12}$$

4.5　混合退化过程的未知参数估计

上述模型中存在一些未知参数需要估计。为此使用了两步法来进行相应的估计过程：①动态权重估计；②分布参数估计。

4.5.1　动态权重估计

对于假设的子过程模型（维纳过程、伽马过程和逆高斯过程）的权重估计，模糊理论与在每个测量时间收集的真实数据的 bootstrapping 技术一起使用。然后，可以使用时间变换来解释权重的动态特性。在恒定应力加速退化测试中，有 n 个样本和 L 个加速应力水平。我们假设 $X(t_{kij})$ 表示在第 k 个应力水平下单元 i 的第 j 个退化值，t_{kij} 是相应的测量时刻，其中：$k = 1, 2, \cdots, L$；$i = 1, 2, \cdots, n_k$；$j = 1, 2, \cdots, m_{kj}$。令 $\tau_{kij} = \Lambda(t_{kij}) - \Lambda(t_{ki(j-1)})$ 为退化测量时间的增量，$x_{kij} = X(t_{kij}) - X(t_{ki(j-1)})$ 为相应的退化增量。

(1) 基于模糊理论的方法与退化过程的 bootstrapping 技术

现有研究已经提出了各种方法，例如贝叶斯理论、区间分析和模糊理论，来解决加速退化试验可靠性中的小样本数据问题。在贝叶斯方法中，通过将先验分布分配给不确定参数，将主观信息作为主观概率引入。然而，先验信息可以对最终评估结果产生显著影响。在区间分析中，不确定参数被表示为区间，此时关键步骤是确定精确的边界。模糊理论为放松对先验分布和边界的需求提供了一个可行的基础。

由于 bootstrapping 技术不能完美地解决小样本问题，不确定性仍然存在，需要进一步考虑。基于此，本节使用模糊理论在 bootstrapping 技术基础上来解决不确定性带来的影响。在文献［105］中提出了一个自对偶集函数 Cr，称为可信度度量，并在文献［3］中用于衡量模糊事件发生的机会。通过模糊理论，可以考虑小样本问题导致的退化过程建模的不确定性。设 $\widetilde{\mu}'_{kj}$ 为应力水平 k 下测量时间 j 的退化数据的平均值，该值也被视为中间模糊变量。在不丧失一般性的情况下，三角隶属函数用于量化 $\widetilde{\mu}'_{kj}$：

$$\widetilde{\mu}'_{kj} = ((\widetilde{\mu}'_{kj})^L, (\widetilde{\mu}'_{kj})^C, (\widetilde{\mu}'_{kj})^R) \tag{4.13}$$

由 bootstrapping 技术生成的平均值用于表示 $\widetilde{\mu}'_{kj}$ 的边界：

$$\begin{cases} (\widetilde{\mu}'_{kj})^C = \dfrac{\sum\limits_{i'=1}^{r} m'_{ki'j}}{r} \\ (\widetilde{\mu}'_{kj})^L = \min\limits_{1 \leqslant i' \leqslant r} (m'_{ki'j}) \\ (\widetilde{\mu}'_{kj})^R = \max\limits_{1 \leqslant i' \leqslant r} (m'_{ki'j}) \end{cases} \tag{4.14}$$

式中，$m'_{ki'j}$ 表示在压力水平 k 下的测量时间 j 由引导技术生成的重采样样本的平均值，$i' = \{1, 2, \cdots, r\}$。在每个应力水平 k 下的每个测量时间 j 的批次数据（索引 n_k）正在重新采样 n_k 次，并迭代 r 次。

假设退化过程的均值估计可以看作 $\widetilde{\mu}'_{kj}$ 的期望值，$\widetilde{\mu}'_{kj}$ 为给定的三角形形式，基于式（4.13）和式（4.14），$\widetilde{\mu}'_{kj}$ 的期望值有如下表达式：

$$E(\widetilde{\mu}'_{kj}) = \dfrac{\sum\limits_{i'=1}^{r} m'_{ki'j}}{2r} + \dfrac{\min\limits_{1 \leqslant i' \leqslant r} (m'_{ki'j}) + \max\limits_{1 \leqslant i' \leqslant r} (m'_{ki'j})}{4} \tag{4.15}$$

$\widetilde{\mu}'_{kj}$ 的这个估计过程给出了一个动态值 $\hat{\mu}'_{kj}$，它与系统的退化趋势有关。

（2）正常应力水平下的动态转换

在实际条件下，权重估计应考虑应力影响，因为加速应力会影响设备的物理化学退化过程。根据工程经验，参数轨迹一般是线性的、凹的或凸的，因此可以使用时间 t 的幂函数进行时间尺度变换来描述退化过程的均值动态：

$$\widetilde{\mu}'_{kj} = \widetilde{\xi}_k \Lambda(\widetilde{t}_{kj}) \tag{4.16}$$

式中，$\widetilde{\xi}_k$ 是受应力影响的未知模糊参数。需要注意的是：$\Lambda(t_{kj})$ 实际上等于 $\Lambda(t_{kij})$，因为 i 是退化数据的一个单元（批次）的索引表示。所以，在式（4.10）中 $\Lambda(t)$ 定义为 t^c，在动态权重估计中，代表时间尺度的模糊参数需要重新定义为 $\Lambda(t) =$

$t^{\widetilde{c}'}$ [这个重新定义只是为了权重估计，而在整个计算过程的其余部分，$\Lambda(t)=t^c$]。

考虑到应力影响，$\widetilde{\xi}_k$ 可以根据式（4.4）的线性假设来定义为：

$$\ln\widetilde{\xi}_k = \widetilde{\kappa}_1 + \widetilde{\kappa}_2 L(S) \tag{4.17}$$

为了估计参数 $\widetilde{\boldsymbol{\theta}}_W = \{\widetilde{\kappa}_1, \widetilde{\kappa}_2, \widetilde{c}'\}$，测量误差的平方之和 S 需要最小化：

$$S = \min \sum_{k=1}^{L} \sum_{j=1}^{m_{kj}} [\widetilde{\mu}'_{kj} - \widetilde{\xi}_k \Lambda(\widetilde{t}_{kj})]^2 \tag{4.18}$$

基于式（4.16）的对数变换，可以用最小二乘法直接估计模糊参数 $\widetilde{\boldsymbol{\theta}}_W$，得到 $\widetilde{\boldsymbol{\theta}}_W = \{(\widetilde{\theta}_W)^L, (\widetilde{\theta}_W)^C, (\widetilde{\theta}_W)^R\}$。$\widetilde{\boldsymbol{\theta}}_W$ 的预期值可以使用相同的式（4.15）进行计算。然后，可以确定退化过程的动态形式。

动态权重可以通过子过程的动态平均值来估计，如下所示：

$$\varepsilon_q(t) = \frac{1/|\hat{\widetilde{\xi}} t^{\hat{\widetilde{c}}} - M_q|}{\sum\limits_{q=1}^{3}(1/|\hat{\widetilde{\xi}} t^{\hat{\widetilde{c}}} - M_q|)} \tag{4.19}$$

式中，M_1、M_2 和 M_3 代表动态平均值；$\mu_1\Lambda(t)$、$\beta\alpha\Lambda(t)$ 和 $\mu_2\Lambda(t)$ 分别是子维纳过程、子伽马过程和子逆高斯过程。式（4.19）是基于距离值越小，M_q 与 $\hat{\mu}'$ 越接近的想法而得到的。因此，如果距离值较小，则说明相应的子过程在混合随机过程中的权重较大。

4.5.2 使用 M-H 方法的混合过程未知参数估计

众所周知，单个随机过程中的未知参数可以通过最大似然估计（maximum likelihood estimation，MLE）方法进行估计。然而，由于似然函数复杂，混合过程模型中的未知参数难以估计。

$$L(\boldsymbol{\theta}_M \mid x, \tau) = \prod_{k=1}^{L} \prod_{i=1}^{n_k} \prod_{j=1}^{m_{kj}} \left\{ \frac{\varepsilon_1(t)}{\sqrt{2\pi\sigma^2\tau_{kij}}} \exp\left[-\frac{(x_{kij}-\mu_1\tau_{kij})^2}{2\sigma^2\tau_{kij}}\right] \right.$$
$$+ \frac{\varepsilon_2(t)\beta^{-\alpha\tau_{kij}}}{\Gamma(\alpha\tau_{kij})} x_{kij}^{\alpha\tau_{kij}-1} \exp\left(-\frac{x_{kij}}{\beta}\right) \tag{4.20}$$
$$\left. + \sqrt{\frac{\lambda\tau_{kij}^2[\varepsilon_3(t)]^2}{2\pi x_{kij}^3}} \exp\left[-\frac{\lambda}{2x_{kij}}\left(\frac{x_{kij}}{\mu_2}-\tau_{kij}\right)^2\right] \right\}$$

将式（4.5）～式（4.8）代入式（4.20）中，参数 μ_1、σ、α、μ_2 可以用 a_1、b_1、a_2、b_2、u_1、v_1、u_2、v_2 表示。那么，$\boldsymbol{\theta}_M$ 可以定义为：

$$\boldsymbol{\theta}_M = \{a_1, b_1, a_2, b_2, u_1, v_1, u_2, v_2, \beta, \lambda, c\}$$

对于复杂模型的参数估计，本节使用 M-H 采样。假设目标分布 $\pi(\cdot)$，也称为参数的后验分布。通过应用贝叶斯理论，得到联合后验分布为：

$$\pi(\boldsymbol{\theta}_M \mid x_{kij}, \tau_{kij}) \propto L(\boldsymbol{\theta}_M \mid x_{kij}, \tau_{kij}) p(\boldsymbol{\theta}_M) \tag{4.21}$$

式中，$p(\boldsymbol{\theta}_M)$ 是参数的联合先验分布，公式为：

$$p(\boldsymbol{\theta}_M)=p(a_1|a_{11},a_{12})p(b_1|b_{11},b_{12})p(a_2|a_{21},a_{22})p(b_2|b_{21},b_{22})p(u_1|u_{11},u_{12})$$
$$\times p(v_1|v_{11},v_{12})p(u_2|u_{21},u_{22})p(v_2|v_{21},v_{22})p(\beta|\beta_{01},\beta_{02})p(\lambda|\lambda_{01},\lambda_{02})p(c|c_{01},c_{02})$$

(4.22)

假设除 $p(\beta|\beta_{01}, \beta_{02})$ 之外的所有参数的先验分布都是高斯分布，如 $a_1 \sim N(a_{11}, a_{12})$，其他参数形式相同。对于先验分布 $p(\beta|\beta_{01}, \beta_{02})$，选择伽马分布比较方便，$\beta \sim Ga(\beta_{01}, \beta_{02})$。为了从目标分布中采样，利用 M-H 采样方法通过动力学方程 $K(\boldsymbol{\theta}'|\boldsymbol{\theta})$ 生成新的状态，并且每个动力学方程相对于接受概率被接受或拒绝：

$$\rho=\min\left\{1,\frac{\pi(\boldsymbol{\theta}'_M)K(\boldsymbol{\theta}_M|\boldsymbol{\theta}'_M)}{\pi(\boldsymbol{\theta}_M)K(\boldsymbol{\theta}'_M|\boldsymbol{\theta}_M)}\right\}$$

(4.23)

在 M-H 采样方法中，定义了一条马尔可夫链并收敛到目标分布。如果式（4.23）中的 $\boldsymbol{\theta}_M$ 是链的当前状态，$\boldsymbol{\theta}'_M$ 是相应的下一个状态。M-H 采样方法在算法 4-1 中进行，从马尔可夫链的先验（初始）值开始。

算法 4-1　用于参数估计的 M-H 采样

输入：　　　数据集 $\langle x_{kij},\tau_{kij}\rangle$；目标分布 $\pi(\boldsymbol{\theta}_M)$；动力学方程 $K(\boldsymbol{\theta}'_M|\boldsymbol{\theta}_M)$

初始化：　　状态 $\theta_M(0)$

　　　　　　for ir=1,2,3,$\cdots$,do

1.　　　　　　　从 $K(\cdot)$ 采样 $\theta_M(\mathrm{ir})$；

2.　　　　　　　通过式(4.23)计算接受率 ρ；

3.　　　　　　　从均匀分布 Uniform(0,1) 采样 r；

　　　　　　　　if $\rho \leqslant r$ then

　　　　　　　　　　设 $\theta_M(\mathrm{ir}+1)=\theta_M(\mathrm{ir})$；

　　　　　　　　else

　　　　　　　　　　设 $\theta_M(\mathrm{ir}+1)=\theta_M(\mathrm{ir}-1)$；

　　　　　　　　end if

　　　　　　end for

4.6　实验验证

考虑电连接器的应力松弛加速退化试验以证明所提出的混合随机过程用于寿命分析的能力。应力松弛是电连接器触头在恒定应力下随时间的应力损失。例如，过度的应力松弛会导致电气接头的触点失效，退化数据如图 4.1 所示[4]。恒定应力加速退化试验策略已用于生成这些数据，具有三个恒定加速温度应力值，分别对应 65℃、85℃ 和 100℃。此外，正常和最高温度应力分别对应 40℃ 和 100℃。当应力松弛超过 30%，即 $\gamma=30$ 时，可以宣布电连接器失效。

4.6.1　参数估计

动态权重估计步骤利用模糊理论中描述的不确定性信息和应用于实际数据的自举技

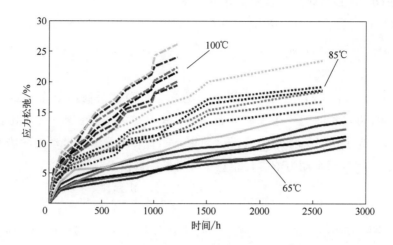

图 4.1　加速应力下的电连接器应力松弛数据

术。在本研究中，bootstrapping 迭代次数 r 设置为 200。通过动态变换，式（4.16）～式（4.18）中的参数估计如表 4.1 所示。

表 4.1　基于模糊理论的参数估计值

项目	κ_1	κ_2	c'
$(\hat{\theta}'_W)^L$	-3.3928	3.0547	0.4552
$(\widetilde{\theta}'_W)^C$	-2.9262	2.7672	0.4448
$(\widetilde{\theta}'_W)^R$	-2.5249	2.5263	0.4352
$\hat{\theta}'_W$	-2.9425	2.7789	0.445

据此，图 4.2 显示了三种应力水平下应力松弛数据 $\hat{\mu}'$ 的动态退化过程和 $\widetilde{\mu}'$ 期望值。

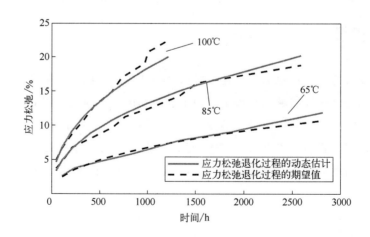

图 4.2　应力松弛数据的动态估计和期望值

为了比较，三个单一过程（维纳过程、伽马过程和逆高斯过程）的参数是基于 MLE 算法估计得到的，并列在表 4.2 中。

表 4.2　子过程的参数估计

模型参数	过程（参数估计）		
	维纳过程	伽马过程	逆高斯过程
a_1	-2.645	*	*
b_1	2.264	*	*
a_2	-3.082	*	*
b_2	2.838	*	*
u_1	*	-1.462	*
v_1	*	2.295	*
λ	*	*	0.735
u_2	*	*	-2.415
v_2	*	*	2.235
β	*	0.419	*
c	0.466	0.443	0.439

注：* 表示 0 值。

将式（4.19）代入式（4.20），可以得到具有动态权重的似然函数。需要注意的是，动态权重与混合随机模型的未知参数有关。然后，可以通过 M-H 抽样方法进行估计过程的第二步。在 M-H 采样期间，可以将老化迭代次数设置为 2×10^4。在表 4.3 中，列出了有关参数的信息，包括均值、方差、MC 误差、分位数（92.5%，中位数，97.5%）。

表 4.3　混合随机过程的参数

模型参数	均值	方差	MC 误差	92.5%	中位数	97.5%
a_1	-1.4715	0.0669	0.0056	-1.9675	-1.4801	0.9417
b_1	0.0691	0.1132	0.0099	-0.6311	0.0812	0.7105
a_2	-0.9494	0.1838	0.1356	-1.7663	-0.9478	0.1086
b_2	-0.9074	0.3728	0.1296	-2.1078	-0.9144	0.2881
u_1	-0.1351	0.3059	0.0193	-1.2039	-0.1287	0.9370
v_1	0.6574	0.2939	0.0939	-0.4138	0.6576	1.7075
u_2	1.2493	0.6252	0.1785	-0.2783	1.2206	2.8435
v_2	1.0539	0.7261	0.1506	-0.6101	1.0372	2.7274
β	0.3887	0.0037	0.0555	0.2829	0.3842	0.5171
λ	0.8730	0.3914	0.1247	0.0270	0.7719	2.3404
c	0.4892	0.0002	0.0699	0.4566	0.4890	0.5220

4.6.2 正常应力水平下的可靠性分析

为了分析产品的可靠性，需要在正常应力水平下转换这些参数。转换过程用式（4.24）表示。

$$
\begin{cases}
\mu_{10}=\exp[a_1+b_1 L(S_0)] \\
\sigma_0=\exp[a_2+b_1 L(S_0)] \\
\alpha_0=\exp[u_1+v_1 L(S_0)] \\
\mu_{20}=\exp[u_2+v_2 L(S_0)]
\end{cases}
\tag{4.24}
$$

式中，S_0 表示正常应力水平，其已在式（4.4）中定义。根据前文所述，参数 β 和 λ 不随应力的变化而变化，因此无须进行转换。所提模型的 FHT 的 PDF 和 CDF 曲线分别如图 4.3 和图 4.4 所示。此外，这些图中还考虑了单个随机过程模型（维纳过程、伽马过程和逆高斯过程）的 FHT 的 PDF 和 CDF。

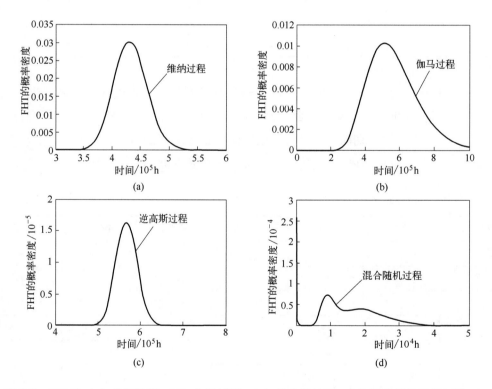

图 4.3 FHT 在 (a) 维纳过程、(b) 伽马过程、(c) 逆高斯过程、(d) 混合随机过程下的 PDF

将图 4.3 和图 4.4（d）与图 4.4（a）、（b）和（c）相比，可以直观地发现混合随机过程具有显著不同的 FHT 的 PDF 和 CDF。提出的混合随机过程模型结合了构成它的三个随机过程的信息，适当地考虑了由多种失效机制导致的产品退化的影响。根据式（4.11），这些过程的可靠性曲线如图 4.5 所示。

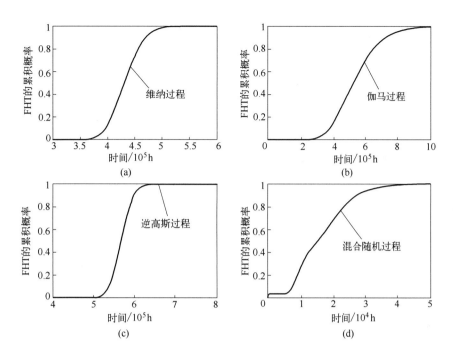

图 4.4 FHT 在 (a) 维纳过程、(b) 伽马过程、(c) 逆高斯过程、
(d) 混合随机过程下的 CDF

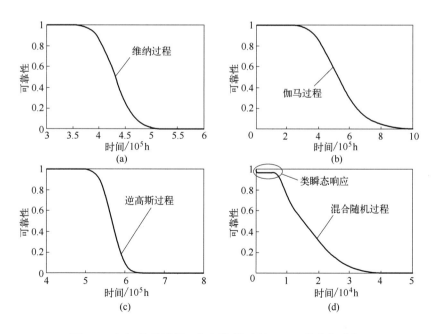

图 4.5 (a) 维纳过程、(b) 伽马过程、(c) 逆高斯过程、
(d) 混合随机过程下的可靠性曲线

在 CDF 曲线（图 4.4）和图 4.5 的可靠性曲线中可以找到类瞬态过程。这可能是由于：一个新产品一出厂就已经开始退化，然后达到了一个新的平衡，这似乎是一个磨合过程；多失效机制的共同作用导致初始时刻出现退化，然后通过应用磨合实现短期稳定状态。维纳过程和伽马过程都有相似的初始下降趋势，伽马过程的退化时间较早，但退化过程较长。逆高斯过程高估了产品的可靠性。在考虑多重失效机制时，维纳过程、伽马过程和逆高斯过程都提供了对产品可靠性的不准确估计。

4.6.3 混合退化模型与传统模型的比较

为了证明所提模型的准确性，本节介绍了混合随机过程与传统随机过程的比较结果。随机过程的平均值可以反映退化趋势的信息。然后，以应力松弛数据的平均值为参考，比较了维纳过程、伽马过程、逆高斯过程和混合随机过程的结果，如图 4.6 所示。

这四个过程有各自的性能，在每个应力水平下都有不同的优势，可以通过均方误差（MSE）进行量化，如表 4.4 所示。

在 65℃和 85℃下，维纳过程和逆高斯过程的均方误差小于其他两个过程，在 100℃下它们的性能并不优越。因此，很难通过 MSE 确定在正常应力水平下哪个过程更好。为了比较四个模型在整个应力循环（整个数据）中的性能，使用赤池信息准则（AIC）来显示这些模型各自的优势，如表 4.5 所示，其中也包括 MTTF 的结果。

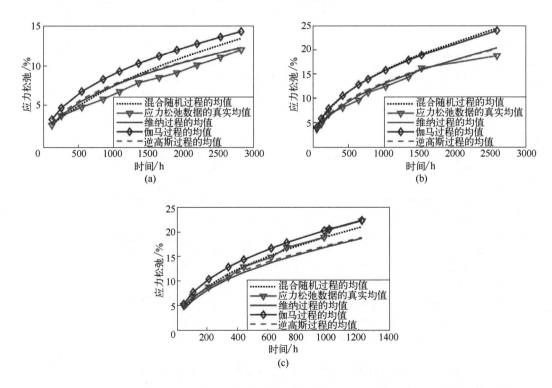

图 4.6 应力在（a）65℃、（b）85℃、（c）100℃下的退化趋势

表 4.4　各过程和应力松弛数据的 MSE 结果

项目	$S_1 = 65℃$	$S_2 = 85℃$	$S_3 = 100℃$
维纳过程	0.603	0.5411	3.7371
伽马过程	5.1535	8.3097	1.638
逆高斯过程	0.8096	0.6594	2.9418
混合随机过程	1.3336	9.1553	0.45

表 4.5　AIC 和 MTTF 结果

项目	AIC	$MTTF/10^5$
维纳过程	468.8694	4.3233
伽马过程	460.1856	5.408
逆高斯过程	1155.963	5.6765
混合随机过程	434.3624	0.1647

通过上述图表可以发现，混合随机过程最能反映多种失效机制对产品寿命及可靠性的影响。实际上，混合随机过程的 MTTF 小于维纳过程、伽马过程和逆高斯过程。最低的 AIC 值对应于最佳模型，即混合随机过程模型。此外，维纳过程的 AIC 值比伽马过程大（数值接近），但维纳过程的 MTTF 比伽马过程小。

4.7　本章小结

随着科技的发展，装备在日趋大型化、复杂化的同时，其可靠性也在逐步提高。因此，加速退化试验得以广泛地应用。然而，在实际情况中，模型失配问题可能会影响退化过程使用模型的选择。传统的单一随机过程不能很好地反映模式。基于此，本章提出了加速退化试验的混合随机过程模型。混合随机过程模型中考虑了三种常用的随机模型。在混合随机过程模型中引入了动态权重。最后结果表明，与传统的加速退化试验简单随机模型相比，所提出的混合随机过程模型在进行剩余寿命预测时具有更高的精度。

第**5**章 带有风险规避自适应的预测维护方法

5.1 概述

剩余寿命估计是预测性维护策略中最重要的一步。根据估计的剩余寿命，管理者可以更有效地为退化装备安排维护活动。现有研究主要注重于提升剩余寿命预测的精度，而很少有文献考虑了不同预测结果对最终决策的影响。维护决策与管理是剩余寿命预测的最终目标。一般来说，在相同或相近的预测误差下，低估的剩余寿命优于高估的剩余寿命，这是因为过高估计的剩余寿命会使得决策者掉以轻心而不做出任何行动，于是意外停机的风险将激增，有时甚至可能会导致灾难性后果[106]。因此，正确修正错误的剩余寿命估计，规避预测中可能存在的风险，对于减少维护计划中可能出现的错误决策是十分重要的。

鉴于此，本章提出了一种带有风险规避自适应的预测维护方法。此方法包括退化特征选择模块，以获得反映装备退化趋势的关键特征。然后，退化特征和剩余寿命之间的潜在关系分别由支持向量回归（SVR）模型和长短时记忆（LSTM）网络建模。为了增强预测稳健性并增加其边际效用，利用三个连接参数将 SVR 模型和 LSTM 模型结合了起来，构建了一个混合模型。为了确定这三个连接参数，提出一种改进灰狼优化算法并求解了一个带有惩罚机制的成本函数。基于获得的剩余寿命预测值，制定了相应的维护策略，即当装备剩余寿命预测值低于某一失效阈值时，采取预防性维护活动；如果装备突然失效，将对装备实施修复性维护。此外，还提出了一个成本指标来衡量这种风险规避预测维护方法的效益。使用 NASA 公开的航空发动机数据集进行验证，结果表明，所提出的剩余寿命估计方法和预测维护策略是可行的和有效的。

5.2 主要思想

本章所提出的带有风险规避自适应的预测维护方法框架如图 5.1 所示，它包括离线训

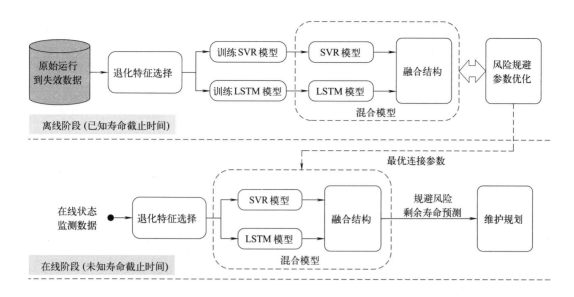

图 5.1 本章提出的带有风险规避自适应的预测维护方法框架

练和在线应用两个阶段。

在离线训练阶段，首先利用退化特征选择模块从原始运行至故障数据中提取一组反映装备退化趋势的特征。然后，为了学习退化特征和剩余寿命之间映射关系，分别建立了当前两种主流的剩余寿命预测模型：SVR 模型和 LSTM 模型。为了增强预测稳健性并增加其边际效用，利用三个连接参数将 SVR 模型和 LSTM 模型结合了起来，构建了一个混合模型。最后，为了确定这三个连接参数，提出一种改进灰狼优化算法并求解了一个带有惩罚机制的成本函数。

在在线应用阶段，根据实时收集的状态监测数据可获得一段未知寿命截止时间的退化轨迹，通过采取与离线训练阶段相同的方式进行数据处理，可提取在线状态监测数据的退化特征。然后，将提取的退化特征分别输入到训练好的 SVR 和 LSTM 模型中，两个模型输出相应的剩余寿命预测值。紧接着，将这两个模型输出的剩余寿命值送入混合预测模型，可获得带有风险规避自适应的剩余寿命预测值。最后，基于混合模型获得的剩余寿命预测值，制定相应的维护策略，即当预测的装备剩余寿命值低于某一失效阈值时，采取预防性维护活动；如果装备突然失效，将对装备实施修复性维护。

5.3 剩余寿命预测建模

5.3.1 SVR 的基本理论

SVR 模型通常有两种表现形式：ν-SVR 和 ε-SVR。在 ν-SVR 模型中，参数 ν 控制了支持向量的数量。在 ε-SVR 模型中，参数 ε 控制了模型中允许的误差量。由于此应用中要在最小误差和最佳性能之间进行折中，因此 ε-SVR 模型被选择。对于所有训练样本，ε-SVR 模型的目标是找到一个函数 $f(\boldsymbol{x})$ 使该函数与目标 y 的偏差最多为 ε，并且尽可能平坦。首先假设寻找 $\boldsymbol{x}$ 和 y 之间的非线性关系：

$$y \simeq \langle \boldsymbol{w}, \boldsymbol{x} \rangle + b$$

式中，$\langle \cdot, \cdot \rangle$ 表示点积运算；$w \in \mathbb{R}^{2d}$。此处的平坦度意味着正在寻找欧几里得范数方面的小 $\|\boldsymbol{w}\|$ 值。于是，ε-SVR 的优化问题能够表述如下：

$$\min \|\boldsymbol{w}\|^2, \ s.t. \begin{cases} y_i - \langle \boldsymbol{w}, \boldsymbol{x}_i \rangle - b \leqslant \varepsilon \\ \langle \boldsymbol{w}, \boldsymbol{x}_i \rangle + b - y_i \leqslant \varepsilon \end{cases} \tag{5.1}$$

值得注意的是，上式优化是基于线性映射的假设，然而在实际应用中并不总是能够找到满足 ε 边距的函数。针对这个问题，可在式（5.1）中引入松弛变量 ζ_i 和 ζ_i^*，即：

$$\min \|\boldsymbol{w}\|^2 + C\sum_{i=1}^{N}(\zeta_i + \zeta_i^*), \quad s.t. \begin{cases} y_i - \langle \boldsymbol{w}, \boldsymbol{x}_i \rangle - b \leqslant \varepsilon + \zeta_i \\ \langle \boldsymbol{w}, \boldsymbol{x}_i \rangle + b - y_i \leqslant \varepsilon + \zeta_i^* \\ \zeta_i, \zeta_i^* \geqslant 0 \end{cases} \tag{5.2}$$

式中，$C > 0$，是惩罚变量，用于控制函数 f 平坦度和大于 ε 误差容限之间的权衡。为了建模 $\boldsymbol{x}$ 和 y 之间的非线性关系，使用核技巧将输入数据映射到高维特征空间，并在这个新的高维空间上应用线性 ε-SVR。更多关于 SVR 的细节，请参见文献［107］。

5.3.2 退化特征与剩余寿命之间关系建模

此步骤旨在开发一个能够准确描述装备退化特征与相应剩余寿命之间关系的模型，即：

$$y \simeq f(\boldsymbol{x}) \tag{5.3}$$

式中，y 表示装备的剩余寿命；$f(\cdot)$ 表示基于回归思想构建的映射函数；$\boldsymbol{x}$ 表示装备的退化特征，可由 2.3 节提出的 Spearman 相关性指标和 Spearman 趋势性指标两种指标进行确定。

在剩余寿命预测领域，SVR 和 LSTM 模型是目前公认较好的两种预测模型。SVR 是建立非线性映射关系的有效方法，因为它的学习算法来自一个凸优化问题。然而，此模型难以处理时间序列之间的依赖关系，也即缺乏整体感知能力。LSTM 模型能够学习到长时间序列间的依赖关系且具备保存记忆能力，但 LSTM 模型结构难以进一步优化，阻碍了预测模型性能的提高。文献［108］认为，在单一预测模型的长期使用过程中，容易出现边际效用递减问题。为解决这个问题并最终提高剩余寿命预测建模精度，本章开发了一个 SVR 和 LSTM 的混合模型来保持每种建模方法的优势方面。如图 5.2 所示，所开发的混合模型是由权值参数 w_1、w_2 和偏置参数 b 以一种并联方式将 SVR 模型和 LSTM 模型串接起来获得。

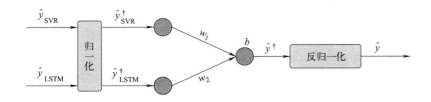

图 5.2　SVR 和 LSTM 的混合模型结构

在图 5.2 中，$\hat{y}_{SVR}$ 和 $\hat{y}_{LSTM}$ 分别表示 SVR 模型和 LSTM 模型预测的剩余寿命值，而 $\hat{y}_{SVR}^{\dagger}$ 和 $\hat{y}_{LSTM}^{\dagger}$ 表示对 $\hat{y}_{SVR}$ 和 $\hat{y}_{LSTM}$ 进行归一化后得到的值，其计算公式为：

$$\hat{y}_{SVR}^{\dagger} = \frac{\hat{y}_{SVR} - \min(\hat{y}_{SVR})}{\max(\hat{y}_{SVR}) - \min(\hat{y}_{SVR})} \tag{5.4}$$

$$\hat{y}_{LSTM}^{\dagger} = \frac{\hat{y}_{LSTM} - \min(\hat{y}_{LSTM})}{\max(\hat{y}_{LSTM}) - \min(\hat{y}_{LSTM})} \tag{5.5}$$

式中，$\min(\cdot)$ 表示最小值运算；$\max(\cdot)$ 表示最大值运算。

基于双曲正切激活函数，混合模型获得的归一化剩余寿命预测值为：

$$\hat{y}^{\dagger} = \tanh\left([w_1, w_2]\begin{bmatrix}\hat{y}_{SVR}^{\dagger}\\\hat{y}_{LSTM}^{\dagger}\end{bmatrix} + b\right) = \frac{e^{w_1\hat{y}_{SVR}^{\dagger} + w_2\hat{y}_{LSTM}^{\dagger} + b} - e^{-(w_1\hat{y}_{SVR}^{\dagger} + w_2\hat{y}_{LSTM}^{\dagger} + b)}}{e^{w_1\hat{y}_{SVR}^{\dagger} + w_2\hat{y}_{LSTM}^{\dagger} + b} + e^{-(w_1\hat{y}_{SVR}^{\dagger} + w_2\hat{y}_{LSTM}^{\dagger} + b)}} \tag{5.6}$$

应该注意的是，融合结构可以是一个简单的线性表达式，然而与非线性形式相比，线性表达式往往表现不佳。从式（5.6）中可以观察到，双曲正切激活函数值的范围在 −1 和 1 之间，这也解释了使用式（5.4）和式（5.5）实施归一化的目的。

最后，实施反归一化操作之后可获得混合模型的剩余寿命估计，即：

$$\hat{y} = \hat{y}^{\dagger}(U - L) + L \tag{5.7}$$

式中，U 和 L 分别表示 $\hat{y}$ 的上界和下界，它与 $\hat{y}_{SVR}$ 和 $\hat{y}_{LSTM}$ 的值有关。很明显，U 处于 $\max(\hat{y}_{SVR})$ 和 $\max(\hat{y}_{LSTM})$ 之间，而 L 处于 $\min(\hat{y}_{SVR})$ 和 $\min(\hat{y}_{LSTM})$ 之间。在本章中，为了计算上的方便，分别取 $\max(\hat{y}_{SVR})$ 和 $\max(\hat{y}_{LSTM})$ 的平均值以及 $\min(\hat{y}_{SVR})$ 和 $\min(\hat{y}_{LSTM})$ 的平均值来表示 U 和 L，即：

$$U = \frac{\max(\hat{y}_{SVR}) + \max(\hat{y}_{LSTM})}{2} \tag{5.8}$$

$$L = \frac{\min(\hat{y}_{SVR}) + \min(\hat{y}_{LSTM})}{2} \tag{5.9}$$

5.4　规避风险的预测维护策略制定

5.4.1　风险规避函数设计

一般来说，在相同或相近的预测误差下，低估的剩余寿命优于高估的剩余寿命，这是因为过高估计的剩余寿命会使得决策者掉以轻心而不做出任何行动，于是意外停机的风险将激增，有时甚至可能会导致灾难性后果。因此，正确修正错误的剩余寿命估计，规避预测中可能存在的风险，对于减少维护计划中可能出现的错误决策是十分重要的。在此背景下，下面给出的误差函数更倾向于低估的剩余寿命值，即：

$$
e = \begin{cases} \hat{y} - y, & \hat{y} - y \leqslant 0 \\ (C_c/C_p)(\hat{y} - y), & \hat{y} - y > 0 \end{cases} \tag{5.10}
$$

式中，y 表示真实的剩余寿命值；$\hat{y}$ 表示预测的剩余寿命值；C_c 表示修复性维护费用，指的是因装备突发故障引起的总成本，包括人身伤害成本、设备损坏成本、备件不可用情况下的缺货成本等；C_p 表示预防性维护费用，指的是与预防性维护措施相关的所有成本，如零件更换成本、装备清洁成本、装备调整成本以及备件存储成本等。C_c/C_p 是对高估误差的惩罚倍数。例如，当装备突然发生故障时，必须支付 1000 元的修复性维护费用，而如果采取及时的预防性维护活动，只需支付 100 元维护费用。为合理起见，额外费用应由高估的剩余寿命承担，此时高估误差的惩罚倍数可为 1000/100＝10。

于是，具有风险规避自适应性的预测损失函数（成本函数）定义为：

$$
\min z = \frac{\displaystyle\sum_{j=1}^{N} \sum_{i, \hat{y}_i^j - y_i^j \leqslant 0}^{l_j} |\hat{y}_i^j - y_i^j|}{\displaystyle\sum_{j=1}^{N} l_j} + \frac{\displaystyle\sum_{j=1}^{N} \sum_{i, \hat{y}_i^j - y_i^j > 0}^{l_j} |(C_c/C_p)(\hat{y}_i^j - y_i^j)|}{\displaystyle\sum_{j=1}^{N} l_j} \tag{5.11}
$$

式中，l_j 是第 j 个样本的观测序列长度。在这种惩罚机制下，此成本函数将迫使模型预测从高估转向低估。通过最小化式（5.11），可获得混合模型的权值参数 w_1、w_2 和偏置参数 b。然而，考虑到式（5.11）的复杂性，很难利用解析的方法得到 w_1、w_2 和 b 封闭形式的解。从可用性的角度来看，利用某种优化算法获得一组可行的次优数值解来替代解析解是可行的[109]。于是，一种叫作灰狼算法（grey wolf optimizer，GWO）的群智能优化算法被用于获得 w_1、w_2 和 b 的数值解。

GWO 算法是受灰狼种群狩猎的智能活动启发而开发出来，且已经被证明优于传统的如遗传算法（genetic algorithm，GA）、粒子群优化（particle swarm optimization，PSO）、差分进化（differential evolution，DE）等优化算法[110]。需要指出的是，GWO 算法是以随机方式生成初始群体，虽然这种方法可以生成较为普适的群体，但一旦生成的种群质量不好，将严重影响优化算法的收敛精度以及速度。在随机生成初始种群后，嵌入选择算子将有助于提高 GWO 算法的优化性能[111]。此外，对于 GWO 算法来说，也需要平衡全局和局部搜索之间的关系。如果没有有效的平衡机制，算法容易陷入局部最优。为了克服这个问题，更改收敛因子的收敛方式是一个不错的解决方案，例如将线性收敛因子替换为能够促使算法在早期进行全局搜索然后转向局部搜索的非线性收敛因子。本章将通过以上改进的 GWO 算法命名为 GWO-Ⅱ算法。

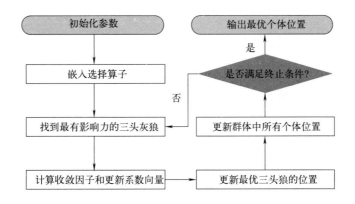

图 5.3　GWO-Ⅱ算法的实现过程

图 5.3 描述了 GWO-Ⅱ算法的实现过程。基于 GWO-Ⅱ算法，三个参数（w_1、w_2 和 b）可通过以下步骤进行求解：

步骤 1：参数初始化。设定 GWO 算法中的灰狼种群规模 S、最大迭代次数 T，并初始化群体中每个个体的位置 $Q_k = (w_1, w_2, b)$，$k = 1, 2, \cdots, S$。

步骤 2：嵌入选择算子。首先根据式（5.11）计算群体中所有个体的适应度值。随后，以升序的方式对这些适应度值进行排列，并基于排序结果将种群个体均匀地划分为前段、中段和后段。处在前段的个体具有更好的数值解。接着，根据 100%、80% 和 60% 的比例随机选择每个片段。最后，利用前段的个体补充在中段丢失的 20% 个体以及在后段丢失的 40% 个体，从而形成具有相同种群大小的新种群。

步骤 3：找到种群中最具影响力的三头狼。根据群体中所有个体的适应度值，找到种群中最具影响力的三头狼，并依次标记为 α、β 和 δ。这三头狼将带领种群实施对猎物（目标解）的包围、捕猎和攻击。

步骤 4：计算收敛因子，更新系数向量。提出的收敛因子以式（5.12）的非线性方式从 2 减小到 0。之后，通过式（5.13）和式（5.14）更新系数 A 和 C。

$$\varpi = 2 - 2\left(\frac{\mathrm{e}^{t/T} - 1}{\mathrm{e} - 1}\right)^2 \tag{5.12}$$

$$A = 2\varpi r_1 - \varpi \tag{5.13}$$

$$C = 2r_2 \tag{5.14}$$

式中，$t = 1, 2, \cdots, T$，指代当前的迭代次数；$r_1, r_2 \in [0, 1]$。

步骤 5：更新最优三头狼的位置。

$$Q_\alpha(t+1) = Q_\alpha(t) - A_1 \left| C_1 Q_\alpha(t) - Q(t) \right| \tag{5.15}$$

$$Q_\beta(t+1) = Q_\beta(t) - A_2 \left| C_2 Q_\beta(t) - Q(t) \right| \tag{5.16}$$

$$Q_\delta(t+1) = Q_\delta(t) - A_3 \left| C_3 Q_\delta(t) - Q(t) \right| \tag{5.17}$$

步骤 6：更新群体中所有个体位置。

$$Q(t+1) = \frac{Q_\alpha(t+1) + Q_\beta(t+1) + Q_\delta(t+1)}{3} \tag{5.18}$$

步骤 7：判断是否达到最大迭代次数（终止条件）。假若达到终止条件，则完成迭代并输出最优解 $\boldsymbol{Q}_k = (w_1, w_2, b)$；否则，转到步骤 3，继续迭代。

5.4.2　在线剩余寿命预测

一个在役装备的退化行为能够被传感器持续不断地监测。基于在役装备的状态监测数据，训练好的 SVR 和 LSTM 混合模型现在被用于预测此在役装备的剩余寿命，也即预测当前时刻和未来真实故障时刻之间的时间长度。图 5.4 示出了在役装备的剩余寿命预测过程。假设在时刻 1 到 K 之间存在可用的状态监测数据，并从状态监测数据中可提取三个特征序列（由 x_1、x_2 和 x_3 表示）。SVR 和 LSTM 构成了混合模型，而两个基准模型具有不同的预测策略。对于 LSTM 模型，它需要处理连续序列之间的依赖关系，但 SVR 模型不需要。因此，在预测剩余寿命时，必须区别对待这两个基准模型。事实上，SVR 模型直接接收第 K 时刻的特征向量 (x_1^K, x_2^K, x_3^K) 并生成估计的剩余寿命 $\hat{y}_K^{SVR}$。关于 LSTM 模型，它以三个特征序列为输入，直接输出带有 K 个预测值的剩余寿命序列 $(\hat{y}_1^{LSTM}, \cdots, \hat{y}_k^{LSTM}, \cdots, \hat{y}_K^{LSTM})$。其中，$\hat{y}_K^{LSTM}$ 代表 LSTM 模型在当前预测时刻估计的剩余寿命值。当将 $\hat{y}_K^{SVR}$ 和 $\hat{y}_K^{LSTM}$ 与获得的连接参数（w_1、w_2 和 b）一起供给到融合结构时，得到最终预测的剩余寿命值为 $\hat{y}_K$。对应地，此在役装备可能发生故障的时刻为第 $K + \hat{y}_K$ 时刻。

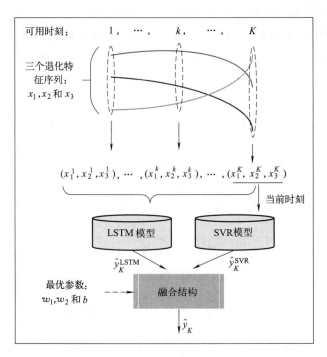

图 5.4　在役装备的剩余寿命预测过程

5.4.3 维护策略制定与成本计算

根据在役装备的剩余寿命预测值,可安排相应的维护活动。如图 5.5 所示,预防性维护活动应该在估计的装备故障之前实施。假设可靠时间裕度为 η,则安排维护活动在时刻 $K + \hat{y}_K - \eta$ 进行。在实际维护活动中存在以下两种可能的情况:①如果计划的预防性维护时间早于在役装备的实际故障时间,则预防性维护有效;②如果装备在计划预防性维护时间之前发生故障,则预防性维护无效,需要执行修复性维护。

图 5.5 基于剩余寿命预测信息的维护规划

维护成本率 (maintenance cost rate,MCR) 定义为总维护成本与总寿命周期之间的比值,可用于评估维护策略的性能。MCR 刻画了维护策略制定的效果,其值越低表明所制定的维护策略更具备成本效益。当某一在役装备仍能够继续运行但实施了预防性维护,则 MCR 为:

$$\mathrm{MCR}_p = \frac{C_p}{K + \hat{y}_K - \eta} \tag{5.19}$$

另一方面,如果装备出现故障,则必须进行修复性维护。在这种情况下,总维护成本为 C_c,总生命周期持续时间为 $K + y$。因此,根据 MCR 的定义,修复性维护的 MCR 由下式给出:

$$\mathrm{MCR}_c = \frac{C_c}{K + y} \tag{5.20}$$

一般来说,模型的预测精度在 50% 到 100% 之间。100% 的预测准确率意味着完美的预测,而 50% 的预测准确率意味着不令人满意的预测结果。从这个意义上讲,式 (5.19) 中的估计故障时间应满足 $0.5(K + y) \leqslant K + \hat{y}_K \leqslant K + y$ 条件。因此,对于具有完美预测的理想预测维护情形,MCR 将变为:

$$\mathrm{MCR}_{\mathrm{ideal}} = \frac{C_p}{K + y} \tag{5.21}$$

应该指出的是,理想的预测维护情形是一个在实践中无法实现的理想假设。然而,这项研究有助于理解现实与理想之间的差距。此外,考虑到时间裕度 η 通常不大,$0.5(K + y) \leqslant K + \hat{y}_K - \eta$ 这个不等式容易满足。另外,修复性维护通常比预防性维护更昂贵,这意味着 $C_c > 2C_p$ 是合理的。通过 $0.5(K + y) \leqslant K + \hat{y}_K - \eta$ 和 $C_c > 2C_p$ 这两个条件,可

以得到 $\dfrac{C_c}{K+y} > \dfrac{C_p}{K+\hat{y}_K-\eta}$，这说明高估的剩余寿命比低估的剩余寿命所需承担的维护成本更高，因此，本章提出的预测维护成本指标更倾向于提前预测，有利于降低维护成本。

5.5　实验验证

本节同样采用 NASA 提供的涡扇发动机公开退化数据集验证所提出的带有风险规避自适应的预测维护方法的有效性。在实验中，"train_FD001.txt"提供的 100 组由运行起始到故障结束的完整时间序列用于训练 SVR、LSTM 以及其混合模型；"test_FD001.txt"和"RUL_FD001.txt"包含的 100 台测试发动机状态监测数据和真实剩余寿命数据用于验证所提出方法的性能。

5.5.1　单一预测模型的剩余寿命预测结果

利用 2.7.2 节得到的退化特征，分别训练 SVR 和 LSTM 模型，建立退化特征与剩余寿命之间的非线性映射关系。在本实验中，LSTM 模型的隐含层单元数、学习率和随机失活概率分别指定为 200、0.01 和 0.5。SVR 模型的框约束、高斯核尺度参数和 ε 超参数分别设置为 1、1 和 0.1。考虑到发动机在刚投入使用阶段通常不会出现明显的退化，这意味着在此阶段估计剩余寿命可能并不合理[112]。因此，本节选取了剩余寿命在 150 个飞行循环处的响应，该阈值由交叉验证数据集上的多次试验所确定。也就是说，模型将把具有较高剩余寿命的情形视为均等的 150 个飞行循环，于是，模型能够在发动机接近故障时学习到潜在的退化与剩余寿命之间的映射关系。

图 5.6 描述了 SVR 和 LSTM 模型在测试集上的部分预测结果。对于测试发动机♯31 和♯38，可以看出 LSTM 模型的预测值比 SVR 模型的预测值更接近实际值。然而，对于测试发动机♯78，SVR 模型的性能优于 LSTM 模型。从图 5.6（d）中可以观察到，LSTM 模型的预测曲线接近第 155 次飞行循环之前的实际曲线。之后，SVR 模型占据了上风。

以上这些结果表明，单一使用 SVR 或 LSTM 模型均有其各自的优势，并不能说明某一种方法明确优于另一种方法。然而，必须指出，滞后预测是不能容忍的。例如，对于测试发动机♯78 来说，具有明显的滞后预测。如之前所述，滞后预测会使得决策者掉以轻心而不做出任何行动，于是意外停机的风险将激增，有时甚至可能导致灾难性后果。因此，风险规避自适应是必要的，下面将给出规避风险剩余寿命预测的验证结果。

5.5.2　规避风险剩余寿命预测结果与分析

规避风险剩余寿命预测由 SVR 和 LSTM 的混合模型实现。首先，GWO-Ⅱ算法用于确定混合模型的连接参数 w_1、w_2 和 b 的值。为了使 GWO-Ⅱ算法达到收敛状态，将种

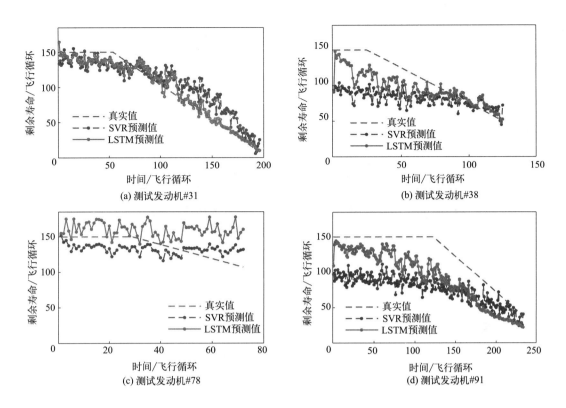

图 5.6　SVR 和 LSTM 模型在测试集上的部分预测结果

群规模大小设置为 20，最大迭代次数设置为 50。w_1、w_2 和 b 参数的搜索空间设置在 -10 和 10 之间，修复性维护成本和预防性维护成本分别假定为 500 和 100❶。一般来说，很难描述 w_1、w_2、b 和 Z 的四维空间，为了可视化，图 5.7 中给出了 w_1、w_2 和 Z 的

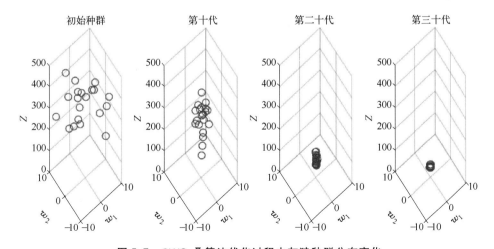

图 5.7　GWO-Ⅱ算法优化过程中灰狼种群分布变化

---

❶　本章涉及的"成本"数值是为了验证算法而设定的模拟值，无单位。

三维视图,描绘了 GWO-Ⅱ算法优化过程中灰狼种群分布变化。在初始阶段,灰狼在空间中随机分布。通过包围、狩猎和攻击行动,灰狼种群能够获得关于猎物的信息(最优解)[113]。于是,当迭代次数逐渐增加时,灰狼种群将逐步向最优解附近聚集。在第 30 次迭代中,GWO-Ⅱ算法找到最优解,即 $w_1=0.22$,$w_2=0.89$ 和 $b=-0.05$。

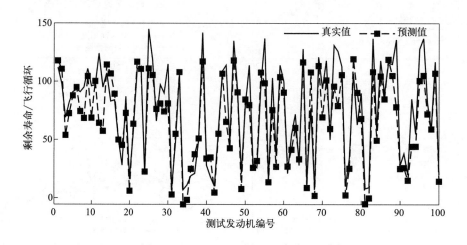

图 5.8　测试样本的剩余寿命预测结果

基于获得的 w_1、w_2 和 b 的值,使用混合模型可估计测试集上的剩余寿命值。图 5.8 描述了使用混合模型对 100 个测试样本预测的剩余寿命结果。可以观察到,预测的剩余寿命不仅可以跟随实际值的变化,而且可以很接近实际值。这意味着使用混合模型预测系统剩余寿命是可行的。需要指出的是,不考虑预测误差的超前预测是没有意义的。因此,计算了三个模型的均方根误差(root mean square error,RMSE),如图 5.9 所示。混合模型的 RMSE 为 19.11,低于 SVR 的 24.61 和 LSTM 的 20.16,表明混合模型在预测精度上也具有优势。综上所述,混合模型的超前预测数和预测精度达到了预期目标,即在保持合理低估水平的同时,降低了高估率,表明所提出的风险规避剩余寿命预测方法是有效的。

5.5.3　预测维护规划结果与分析

根据 5.4.3 节中的维护策略,表 5.1 示例性地给出了在不同维护策略下测试发动机 ♯1～♯10 的维护活动安排以及对应的维护成本率(MCR)。表中,"T_m" 表示计划的维护时刻,"P" 表示采取的维护措施(maintenance action taken,MAT)为预防性维护,"C" 表示 MAT 为修复性维护,可靠性的时间裕度被设定为 10。从给定的维护成本率来看,显然修复性维护比预防性维护成本更高。从所采取的维护活动来看,使用混合模型代替 SVR 或 LSTM 模型可以提高维护决策的准确性。例如,对于编号为 1、6 和 7 的测试发动机,由于发动机已经出现故障才进行维修,因而使用 SVR 模型的计划维护活动是不合理的。类似的情况可以在 LSTM 模型中找到,譬如编号为 1、2、6 和 9 的测试发动机。相反,

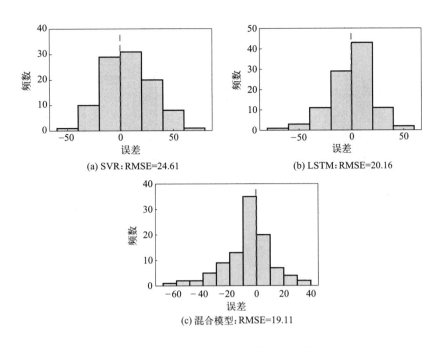

图 5.9　SVR、LSTM 和混合模型的误差分布

对于混合模型的使用可以修正测试发动机♯1、♯6、♯7 和♯9 的维护决策，这对于确保发动机的运行安全性和可靠性具有重要意义。另外可以观察到，在预防性维护下混合模型的维护成本率有时高于 SVR 和 LSTM 模型，但相对于修复性维护来说，这种略高的成本率在实际工程应用角度是可以接受的。

表 5.1　不同维护策略下测试发动机♯1～♯10 的维护活动安排

测试发动机编号	失效时刻/飞行循环	SVR 模型			LSTM 模型			混合模型		
		T_m/飞行循环	MAT	MCR	T_m/飞行循环	MAT	MCR	T_m/飞行循环	MAT	MCR
1	143	149.09	C	3.50	167.94	C	3.50	138.84	P	0.72
2	147	135.91	P	0.74	176.34	C	3.40	149.65	C	3.40
3	195	184.50	P	0.54	173.46	P	0.58	169.90	P	0.59
4	188	170.99	P	0.58	175.57	P	0.57	168.50	P	0.59
5	189	178.67	P	0.56	186.06	P	0.54	175.73	P	0.57
6	198	198.39	C	2.53	201.94	C	2.53	189.85	P	0.53
7	251	264.87	C	1.99	223.72	P	0.45	224.32	P	0.45
8	261	233.20	P	0.43	229.75	P	0.44	224.44	P	0.45
9	166	146.02	P	0.68	169.00	C	3.01	149.36	P	0.67
10	288	284.26	P	0.35	250.86	P	0.40	250.69	P	0.40

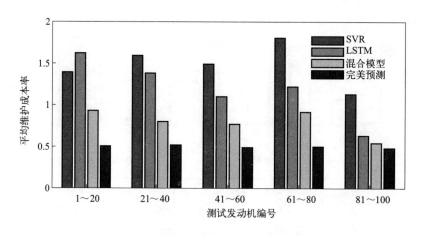

图 5.10 100 个测试发动机的平均维护成本率

图 5.10 描述了 100 个测试发动机的平均维护成本率。为了突出所提出的具有风险规避自适应的混合模型优势，将这 100 个测试发动机均等地划分为了 5 组，每组包含 20 台发动机。然后，根据不同的预测维护方法（基于 SVR 模型的预测维护、基于 LSTM 模型的预测维护、基于混合模型的预测维护、基于完美预测的理想维护），分别计算了各组的平均维护成本率。从图中可以看出，无论哪一组，基于混合模型的预测维护的平均维护成本率都低于基于 SVR 模型的预测维护的平均维护成本率和基于 LSTM 模型的预测维护的平均维护成本率。进一步地，计算了这 4 种预测维护策略对于 100 个测试样本的平均维护成本率。具体地，基于 SVR 模型的预测维护的平均维护成本率为 1.49，基于 LSTM 模型的预测维护的平均维护成本率为 1.20，基于混合模型的预测维护的平均维护成本率为 0.80，基于完美预测的理想维护的平均维护成本率为 0.50。相比于基于 SVR 和 LSTM 模型的预测维护方法，本章所提出的基于混合模型的预测维护的平均维护成本率分别降低了 46.44% 和 33.41%。此外，混合模型和理想模型之间的平均维护成本率差距仅为 0.3。这里需要指出的是，取得如此小的成本差距可以归因于所构建的混合模型能够规避掉剩余寿命预测中的大部分不利因素，从而有助于提升维护决策准确性。综上所述，所提出的基于规避风险剩余寿命预测的预测维护方法带来的好处是可观的，不仅保障了发动机的安全可靠运行，而且显著降低了维护成本率。

5.6 本章小结

本章提出了一种带有风险规避自适应的预测维护方法。在剩余寿命预测阶段，利用三个连接参数以非线性方式融合了当前两种主流的 SVR 预测模型和 LSTM 预测模型。基于构建的混合剩余寿命预测模型，在维护决策阶段，设计了一个风险规避成本函数来优化混合模型的三个连接参数，此函数能够在保持合理剩余寿命低估水平的同时降低高估率。最后，在剩余寿命预测值的基础上，合理规划了维护策略。此外，本章所提出的预测维护方法中还嵌入了退化特征选择模块，它可以获得反映装备退化趋势的关键特征，提升了预测维护决策效率。

使用 NASA 提供的航空发动机公开数据集验证了本章方法的可行性和有效性。根据超前预测的数量、预测误差、维护决策的准确性和维护成本率，所提出的混合模型确实优于单一模型。最重要的是，准确且具备风险规避自适应的剩余寿命预测和维护决策对于装备保持安全稳定运行具有重要意义。需要指出的是，该方法也适用于其他单一失效模式的工程装备。

第 **6** 章　基于剩余寿命预测区间的
　　　　　预测维护方法

6.1　概述

现有剩余寿命预测方法主要集中在确定性点预测模型研究上。事实上，在剩余寿命预测建模中，由于认知水平和测量能力的限制，各种不确定性是不可避免的，例如相关输入数据、模型结构、模型参数和数据校准等的不确定性[114]。这些不确定性极大地降低了点预测的可信度，因此可能会导致不适当的决策（例如不适当的生产、库存或维护计划）的出现，有时甚至可能导致装备崩溃。为了实现精确的决策，决策者应该意识到预测的不确定性。重要的是要知道模型生成的预测值与实际值的匹配程度，以及不匹配风险有多大。不幸的是，点预测没有任何可信度的指示，也没有提供相关不确定性的信息。基于这些原因，需要精确量化剩余寿命预测过程中的不确定性，并基于量化的不确定性制定明智的维护策略，实现装备运行的可靠性和经济性。

为了解决上述问题并最终确保装备的安全可靠运行，本章提出了一种基于剩余寿命预测区间的预测维护方法。该方法包含了从实施不确定性剩余寿命预测到做出维护决策的完整过程。在预测方面，提出了一种基于双向长短时记忆（bi-directional long short-term memory，Bi-LSTM）网络的剩余寿命区间估计方法来描述预测中的不确定性。在预后方面，基于高斯分布假设将估计的剩余寿命预测区间转换为剩余寿命概率分布，进一步通过将构建的剩余寿命分布与维护相关成本联系起来，形成了维护成本率（单位运行时间的维护成本）函数。从运营管理的经济性要求出发，可通过优化维护成本率函数来确定实施维护活动的时间。最后，以航空发动机健康监测为例，验证了本章所提出方法具备可行性和有效性。

6.2　主要思想

预测区间是用于量化预测不确定性的统计度量[115]。通常，预测区间由预测上限和预

测下限组成，如图 6.1 所示。在预测上限和预测下限之间，预期的将来未知值（例如点预测）以规定的概率存在。模型预测和观测数据之间的误差是模型和实际系统之间差异的最佳定量指标，它们提供了可用于评估预测不确定性的宝贵信息。对于一组 N 个数据样本 $\{(\boldsymbol{x}_i, \boldsymbol{y}_i) | i=1, 2, \cdots, N\}$，可通过以下等式生成观测目标 $\boldsymbol{y}_i$：

$$\boldsymbol{y}_i = g(\boldsymbol{x}_i, \boldsymbol{\theta}^*) + \boldsymbol{\varepsilon}_i \tag{6.1}$$

式中，$\boldsymbol{x}_i$ 表示输入空间的样本；$g(\boldsymbol{x}_i, \boldsymbol{\theta}^*)$ 表示带有真实参数集 $\boldsymbol{\theta}^*$ 的潜在函数；$\boldsymbol{\varepsilon}_i$ 是带有零均值的噪声。点预测致力于逼近真实的预测模型 $g(\boldsymbol{x}_i, \boldsymbol{\theta}^*)$，其近似模型 $g(\boldsymbol{x}_i, \hat{\boldsymbol{\theta}})$ 可被视为目标分布的平均值，估计参数集 $\hat{\boldsymbol{\theta}}$ 可通过优化构建的损失函数（如均方误差）获得。

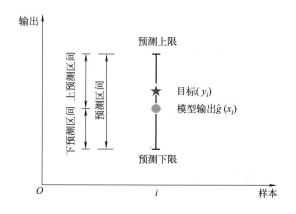

图 6.1 预测区间与点预测

在预测观测目标 y_i 时，各种类型的误差通过模型 $g(\boldsymbol{x}_i, \hat{\boldsymbol{\theta}})$ 传播，例如与模型结构、模型参数和输入向量相关的误差。需要指出的是，如果没有装备的先验知识作为基础，估计这些误差分量是很困难的。在本章中，模型预测和观测值之间的所有误差源都被转化为一个单一的集总变量 $\boldsymbol{\varepsilon}_i^{\text{total}}$。因此，$\boldsymbol{y}_i$ 可以改写为以下形式：

$$\boldsymbol{y}_i = g(\boldsymbol{x}_i, \hat{\boldsymbol{\theta}}) + \boldsymbol{\varepsilon}_i^{\text{total}} \tag{6.2}$$

进一步地，为了找到点预测值的边界，将使用数据聚类和数理统计技术来分析 $\boldsymbol{\varepsilon}_i^{\text{total}}$。

关于维护策略制定，根据估计的剩余寿命预测区间估算装备的剩余寿命概率分布，其中分布参数由某一置信水平下的预测区间计算得出。随后，通过将剩余寿命概率分布与维护相关成本联系起来，构建维护成本率函数。于是，最终的预测维护活动能够规划在具有最小维护成本率的时刻。相应地，所提出的基于剩余寿命预测区间的预测维护方法包含以下五个部分（见图 6.2）：传感器数据选择、健康状态划分、剩余寿命预测边界确定、在线剩余寿命预测区间估计以及维护决策。

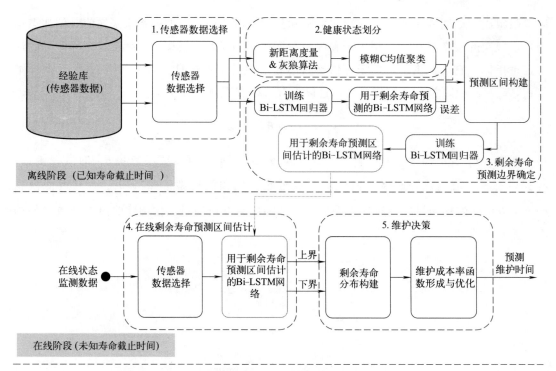

图 6.2　本章提出的基于剩余寿命预测区间的预测维护方法框架

6.3　剩余寿命预测区间估计

6.3.1　健康状态划分

基于 2.3 节选择的传感器数据，接下来是对装备的健康状态进行划分。健康状态划分是所提出方法框架中的一个重要步骤，它旨在将多维的传感器数据划分为几个离散的健康状态，例如正常状态、轻度退化状态、中度退化状态和临近失效状态[88]。属于相同健康状态的输入数据将具有相似的特征，这为后续寻找点预测值的边界提供了非常有价值的信息。在划分装备健康状态方面，模糊 C 均值（fuzzy C-means，FCM）算法已被证实具有出色的性能[26]。与 k 均值之类的硬聚类算法不同的是，FCM 算法允许一个数据点在一定程度上属于多个聚类，而这种模糊性使其非常实用。

在标准 FCM 算法中，通常使用欧几里得标准来描述距离度量。然而，根据文献[116]可知，这种基于欧氏距离度量的聚类只能找到大小和密度相似的图或球状聚类。针对此问题，设计了一种新的距离度量来提高聚类的准确性。新距离度量定义如下：

$$\chi(\boldsymbol{x}_j, \boldsymbol{v}_i) = 1 - \exp(-\lambda \|\boldsymbol{x}_j - \boldsymbol{v}_i\|^2) \tag{6.3}$$

式中，$\boldsymbol{x}_j$ 表示第 j（$j=1, 2, \cdots, N$）个样本，N 表示样本个数；$\boldsymbol{v}_i$ 表示第 i（$i=1, 2, \cdots, C$）个聚类中心，C 表示聚类中心个数；$\|\boldsymbol{x}_j - \boldsymbol{v}_i\|$ 表示原始的欧氏距离度量；λ 是一个常数，可由下式计算获得：

$$\lambda = \left(\frac{1}{N} \sum_{j=1}^{N} \| \boldsymbol{x}_i - \overline{\boldsymbol{x}} \| \right)^{-1} \tag{6.4}$$

式中，$\overline{\boldsymbol{x}} = \dfrac{1}{N} \sum_{j=1}^{N} \boldsymbol{x}_j$。

下面给出 $\mathcal{X}(\boldsymbol{x}, \boldsymbol{y}) = 1 - \exp(-\lambda \| \boldsymbol{x} - \boldsymbol{y} \|^2)$ 是一个度量的证明。

根据文献[117]，距离函数 $\mathcal{X}(\boldsymbol{x}, \boldsymbol{y})$ 是一个度量的话，需要满足以下三个条件：

（ⅰ）$\mathcal{X}(\boldsymbol{x}, \boldsymbol{y}) > 0$，$\forall \boldsymbol{x} \neq \boldsymbol{y}$；$\mathcal{X}(\boldsymbol{x}, \boldsymbol{x}) = 0$。

（ⅱ）$\mathcal{X}(\boldsymbol{x}, \boldsymbol{y}) = \mathcal{X}(\boldsymbol{y}, \boldsymbol{x})$。

（ⅲ）$\mathcal{X}(\boldsymbol{x}, \boldsymbol{y}) \leqslant \mathcal{X}(\boldsymbol{x}, \boldsymbol{z}) + \mathcal{X}(\boldsymbol{z}, \boldsymbol{y})$，$\forall \boldsymbol{z}$。

证明：首先，对于任意 $\boldsymbol{x} \neq \boldsymbol{y}$，有 $\exp(-\lambda \| \boldsymbol{x} - \boldsymbol{y} \|^2) = 1/\exp(\lambda \| \boldsymbol{x} - \boldsymbol{y} \|^2) \in (0, 1)$，于是 $\mathcal{X}(\boldsymbol{x}, \boldsymbol{y}) = 1 - \exp(-\lambda \| \boldsymbol{x} - \boldsymbol{y} \|^2) > 0$；另一方面，$\mathcal{X}(\boldsymbol{x}, \boldsymbol{x}) = 1 - \exp(-\lambda \| \boldsymbol{x} - \boldsymbol{x} \|^2) = 0$，于是 $\mathcal{X}(\boldsymbol{x}, \boldsymbol{y})$ 满足条件（ⅰ）。

其次，$\mathcal{X}(\boldsymbol{x}, \boldsymbol{y}) = 1 - \exp(-\lambda \| \boldsymbol{x} - \boldsymbol{y} \|^2) = 1 - \exp(-\lambda \| \boldsymbol{y} - \boldsymbol{x} \|^2) = \mathcal{X}(\boldsymbol{y}, \boldsymbol{x})$，于是 $\mathcal{X}(\boldsymbol{x}, \boldsymbol{y})$ 满足条件（ⅱ）；

最后，对于任意 $\boldsymbol{z}$，有：

$$\mathcal{X}(\boldsymbol{x}, \boldsymbol{z}) + \mathcal{X}(\boldsymbol{z}, \boldsymbol{y}) - \mathcal{X}(\boldsymbol{x}, \boldsymbol{y})$$

$$= 1 - \exp(-\lambda \| \boldsymbol{x} - \boldsymbol{z} \|^2) - \exp(-\lambda \| \boldsymbol{z} - \boldsymbol{y} \|^2) + \exp(-\lambda \| \boldsymbol{x} - \boldsymbol{y} \|^2)$$

$$\geqslant 1 - \exp(-\lambda \| \boldsymbol{x} - \boldsymbol{z} \|^2) - \exp(-\lambda \| \boldsymbol{z} - \boldsymbol{y} \|^2) + \exp[-\lambda(\| \boldsymbol{x} - \boldsymbol{z} \|^2 + \| \boldsymbol{z} - \boldsymbol{y} \|^2)]$$

$$= [1 - \exp(-\lambda \| \boldsymbol{x} - \boldsymbol{z} \|^2)][1 - \exp(-\lambda \| \boldsymbol{z} - \boldsymbol{y} \|^2)]$$

$$\geqslant 0$$

于是，$\mathcal{X}(\boldsymbol{x}, \boldsymbol{y}) \leqslant \mathcal{X}(\boldsymbol{x}, \boldsymbol{z}) + \mathcal{X}(\boldsymbol{z}, \boldsymbol{y})$，$\forall \boldsymbol{z}$，满足条件（ⅲ）。

综上所述，$\mathcal{X}(\boldsymbol{x}, \boldsymbol{y}) = 1 - \exp(-\lambda \| \boldsymbol{x} - \boldsymbol{y} \|^2)$ 是一个度量，得证。

基于此距离度量 $\mathcal{X}(\boldsymbol{x}, \boldsymbol{y}) = 1 - \exp(-\lambda \| \boldsymbol{x} - \boldsymbol{y} \|^2)$，FCM 算法的目标函数能够表示为：

$$J = \sum_{i=1}^{C} \sum_{j=1}^{N} (\mu_{ij})^m [1 - \exp(-\lambda \| \boldsymbol{x}_j - \boldsymbol{v}_i \|^2)] \tag{6.5}$$

$$\text{s. t.} \quad \sum_{i=1}^{C} \mu_{ij} = 1 \tag{6.6}$$

式中，$m > 1$，是加权指数；$\mu_{ij} \in [0, 1]$，是样本 j 对于聚类 i 的隶属度。然后，可以使用拉格朗日乘子法得到目标函数最小化的必要条件，即：

$$\mu_{ij} = \frac{[1 - \exp(-\lambda \| \boldsymbol{x}_j - \boldsymbol{v}_i \|^2)]^{\frac{1}{1-m}}}{\sum_{k=1}^{C} [1 - \exp(-\lambda \| \boldsymbol{x}_j - \boldsymbol{v}_i \|^2)]^{\frac{1}{1-m}}} \tag{6.7}$$

$$\boldsymbol{v}_i = \frac{\sum_{j=1}^{N} (\mu_{ij})^m \exp(-\lambda \| \boldsymbol{x}_j - \boldsymbol{v}_i \|^2) \boldsymbol{x}_j}{\sum_{j=1}^{N} (\mu_{ij})^m \exp(-\lambda \| \boldsymbol{x}_j - \boldsymbol{v}_i \|^2)} \tag{6.8}$$

在标准 FCM 算法中，通常采用局部搜索算法确定聚类中心[118]。然而，需要指出的是，局部搜索算法在一定程度上依赖于初始聚类中心。换句话说，不理想的初始聚类中心很容易影响最终的聚类精度。针对这个问题，本章借助 5.4.1 节中的 GWO-Ⅱ算法实现聚类中心的迭代优化。GWO-Ⅱ算法的主要优点是拥有对初始值不敏感的全局优化能力。对于 GWO-Ⅱ算法，所有的聚类中心（v_1，v_2，$\cdots$，v_C）都包含在每个单独的位置中，而每次迭代中的聚类中心是根据式（6.8）计算的。另一方面，以式（6.5）作为 GWO-Ⅱ算法中的适应度函数。因此，可以借助灰狼群体狩猎机制以不断迭代的形式获得最佳个体位置。

6.3.2 剩余寿命预测边界确定

剩余寿命预测边界确定是所提出方法框架中的关键步骤，其目标是找到点预测值的边界。从数理统计的角度来看，不确定性可以描述为模型误差潜在分布的两个分位数。因此，要构建剩余寿命预测区间，需要做两件事：一是要找到能准确建立传感器测量值和剩余寿命之间映射关系的函数；二是基于数理统计理论从模型误差中估计出点预测的上下边界。

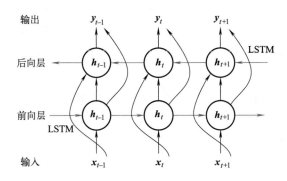

图 6.3　Bi-LSTM 的展开结构

在剩余寿命预测建模方面，Bi-LSTM 网络已受到越来越多的关注[119-121]。与 LSTM 网络不同的是，Bi-LSTM 网络不仅可以追溯退化过程的历史，还可以进一步考虑未来的信息[122]。同时，将自适应矩估计（Adam）算法和随机失活（Dropout）机制集成到 Bi-LSTM 网络中，提高了网络的收敛速度和泛化能力。图 6.3 描绘了 Bi-LSTM 网络的展开结构。它由两个方向相反的 LSTM 层组成，且这两个 LSTM 层连接到同一输出层。Bi-LSTM 网络在每一时刻的输入被分别传输到 LSTM 前向层和后向层，并利用 LSTM 单元操作实现各自的输出，如式（6.9）和式（6.10）所示。最终 Bi-LSTM 网络的输出由两层 LSTM 的输出组合确定，如式（6.11）所示。

$$\vec{h}_t = \mathrm{LSTM}(\vec{x}_t, \vec{h}_{t-1}) \tag{6.9}$$

$$\overleftarrow{h}_t = \mathrm{LSTM}(\overleftarrow{x}_t, \overleftarrow{h}_{t+1}) \tag{6.10}$$

$$\boldsymbol{y}_t = w_{\overrightarrow{hy}}\overrightarrow{\boldsymbol{h}}_t + w_{\overleftarrow{hy}}\overleftarrow{\boldsymbol{h}}_t + \boldsymbol{b}_y \tag{6.11}$$

式中，"→"和"←"分别表示前向过程和后向过程；LSTM(·)表示 LSTM 单元操作；$\boldsymbol{h}_{t-1}$ 和 $\boldsymbol{h}_{t+1}$ 表示 LSTM 分别在 $t-1$ 和 $t+1$ 时刻的输出；$\boldsymbol{x}_t$ 和 $\boldsymbol{y}_t$ 分别表示 Bi-LSTM 网络当前的输入和输出；$w_{\overrightarrow{hy}}$ 表示前向层到输出层的权重；$w_{\overleftarrow{hy}}$ 表示后向层到输出层的权重；$\boldsymbol{b}_y$ 是输出层的偏置。

在获得 Bi-LSTM 网络的建模误差后，确定预测的上下区间。根据上节描述，可使用增强 FCM 算法将退化数据自然划分为多个簇。这里给出一个非常重要的假设，即与输入空间中任何特定簇相关的区域具有类似分布的误差[123]。在识别这些健康状态后，可根据相应历史误差的经验分布确定每个健康状态的预测区间。例如，为了构建在 $100(1-\alpha)\%$ 置信水平下的预测区间，可从误差经验分布中取 $(\alpha/2)\times100$ 作为下预测边界，取 $(1-\alpha/2)\times100$ 作为上预测边界。典型的 α 值为 0.05，这意味着模型输出值落在构造的预测区间内的概率为 95%。

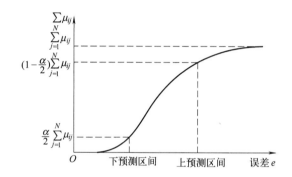

图 6.4　基于增强 FCM 算法的上下预测区间计算

应该注意的是，上述百分位计算应考虑所使用聚类算法的模糊性。图 6.4 描述了基于增强 FCM 算法的上下预测区间计算。根据获得的模型误差，首先按升序的方式对历史退化数据进行排序。然后，健康状态 i 的下预测区间能够表示为：

$$\mathrm{PIC}_i^{\mathrm{L}} = \widehat{\mathrm{RUL}}_p - \mathrm{RUL}_p, p = \sup_{k=1,2,\cdots,N}\left\{k\;\middle|\;\sum_{j=1}^{k}\mu_{ij} < \frac{\alpha}{2}\sum_{j=1}^{N}\mu_{ij}\right\} \tag{6.12}$$

式中，$\widehat{\mathrm{RUL}}_p$ 和 RUL_p 分别表示排序后样本 p 的剩余寿命预测值和真实剩余寿命值。

类似地，健康状态 i 的上预测区间能够表示为：

$$\mathrm{PIC}_i^{\mathrm{U}} = \widehat{\mathrm{RUL}}_q - \mathrm{RUL}_q, q = \inf_{k=1,2,\cdots,N}\left\{k\;\middle|\;\sum_{j=1}^{k}\mu_{ij} > \left(1-\frac{\alpha}{2}\right)\sum_{j=1}^{N}\mu_{ij}\right\} \tag{6.13}$$

式中，$\widehat{\mathrm{RUL}}_q$ 和 RUL_q 分别表示排序后样本 q 的剩余寿命预测值和真实剩余寿命值。

根据获得的每个健康状态的预测区间，下一步是计算输入空间中每个样本的预测区间。考虑到聚类算法的模糊性，可对每个健康状态的预测区间进行加权平均来计算每个样本的预测区间，即：

$$PI_j^L = \sum_{i=1}^{C} \mu_{ij} PIC_i^L \qquad (6.14)$$

$$PI_j^U = \sum_{i=1}^{C} \mu_{ij} PIC_i^U \qquad (6.15)$$

式中，PI_j^L 和 PI_j^U 分别表示对于样本 j 的下预测区间和上预测区间。

最终，将每个样本的点预测值和相应的上下预测区间相加，可得每个样本的预测边界，即：

$$PL_j^L = \hat{g}_j + PI_j^L \qquad (6.16)$$

$$PL_j^U = \hat{g}_j + PI_j^U \qquad (6.17)$$

式中，PL_j^L 和 PL_j^U 分别表示样本 j 的下预测边界和上预测边界；$\hat{g}_j$ 表示样本 j 的点预测模型输出值。一旦获得 PL_j^L 和 PL_j^U，可利用另一个 Bi-LSTM 网络构建传感器测量值和计算预测边界之间的映射关系。

6.3.3 在线剩余寿命预测区间估计

对于一个在役的新装备，可用信息是迄今为止收集的状态监测数据。因此，需要处理不完整的退化轨迹来估计此装备在一定置信水平下的最短和最长安全运行时间，也即剩余寿命预测区间。基于上节获得的 PL_j^L 和 PL_j^U，可以对传感器测量值和剩余寿命预测边界之间的潜在函数关系进行建模。为此，训练具有两个输出的序列到序列 Bi-LSTM 网络。第一个网络输出用于估计预测下限，而第二个输出用于估计预测上限。

训练好的 Bi-LSTM 网络现在用于估计在役装备的剩余寿命预测区间。图 6.5 描述了

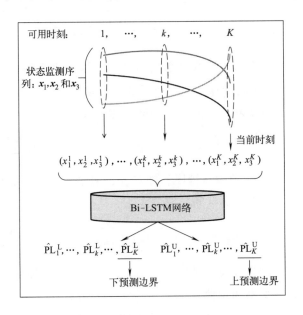

图 6.5　在役装备的剩余寿命区间估计

在役装备的剩余寿命区间估计。作为说明，假设从开始到现在的监测持续时间为时刻 1 到 K，并且存在三个可用的监测序列，由 x_1、x_2 和 x_3 表示。因此，当这三个序列被馈入训练好的 Bi-LSTM 网络时，将产生由下预测边界和上预测边界组成的两个序列 $\widehat{\mathrm{PL}}_1^{\mathrm{L}}$，$\widehat{\mathrm{PL}}_2^{\mathrm{L}}$，$\cdots$，$\widehat{\mathrm{PL}}_K^{\mathrm{L}}$ 和 $\widehat{\mathrm{PL}}_1^{\mathrm{U}}$，$\widehat{\mathrm{PL}}_2^{\mathrm{U}}$，$\cdots$，$\widehat{\mathrm{PL}}_K^{\mathrm{U}}$。对应于当前时刻 K，估计的下预测边界和上预测边界分别为 $\widehat{\mathrm{PL}}_K^{\mathrm{L}}$ 和 $\widehat{\mathrm{PL}}_K^{\mathrm{U}}$。于是，在置信水平 $100(1-\alpha)\%$ 下估计的最终剩余寿命预测区间为 $\left[\widehat{\mathrm{PL}}_K^{\mathrm{L}}, \widehat{\mathrm{PL}}_K^{\mathrm{U}}\right]$。

6.4 最优维护决策

6.4.1 剩余寿命分布构建

剩余寿命分布从概率角度描述了剩余寿命预测的不确定性，这为后续的维护决策制定提供了重要的输入信息。然而在实际应用中，推导带有多传感器源的复杂工程装备的剩余寿命概率分布是很困难的。依据文献［124］，这里给出一个重要的假设：假设基于 Bi-LSTM 网络的剩余寿命点预测值正态分布于基于 Bi-LSTM 网络的剩余寿命预测区间内。于是，分布参数就可以由带有 $100(1-\alpha)\%$ 置信水平的预测区间计算得到。需要指出的是，做出此假设主要是因为预测不确定性主要源自模型的预测能力。如图 6.6 所示，描述分布均值的位置参数能够表示为：

$$\mu_h = \frac{\widehat{\mathrm{RUL}}_h^{\mathrm{L}} + \widehat{\mathrm{RUL}}_h^{\mathrm{U}}}{2} \tag{6.18}$$

式中，μ_h 表示在第 h 个检查周期内的剩余寿命分布的位置参数。

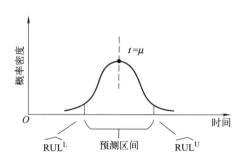

图 6.6　基于预测区间的剩余寿命分布构建

一旦确定 μ_h 值，描述分布方差的尺度参数 σ_h 就能够通过求解以下的等式获得：

$$\int_{\widehat{\mathrm{RUL}}_h^{\mathrm{L}}}^{\widehat{\mathrm{RUL}}_h^{\mathrm{U}}} \frac{1}{\sqrt{2\pi}\,\sigma_h} \mathrm{e}^{-\frac{(t-\mu_h)^2}{2\sigma_h^2}} \mathrm{d}t = 1-\alpha \tag{6.19}$$

6.4.2　维护成本率函数形成与优化

由于技术和后勤的约束，很难在任意时间、任意地点进行维护活动。例如，对于高速列车、飞机发动机的维护活动不能在其行程内实施[73]，于是，对于某一检查时刻 $h\Delta T(h=1,2,\cdots)$，可能的装备维护时间将在集合 $\{h\Delta T,(h+1)\Delta T,\cdots,(h+k)\Delta T,\cdots\}$ 内，如图 6.7 所示，其中 k 为非负整数，且 ΔT 是固定的检查间隔。通过将构建的剩余寿命分布与维护相关成本联系起来，可以形成维护成本率函数。

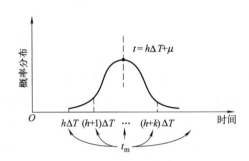

图 6.7　维护成本率函数形成与优化

首先，如果决定在 $h\Delta T$ 检查时刻完成装备修复工作，那么必须支付可能因装备突然故障引起的修复性维护费用（C_c）或与固定安装成本、更换材料成本、人工成本以及维护期间生产损失相关的预防性维护费用（C_p）。在采取修复性维护活动的情况下，装备维护成本率将是概率 $P((h-1)\Delta T<T_f\leqslant h\Delta T)$ 与单位时间维护成本 $C_c/(h\Delta T)$ 的乘积，其中 T_f 是装备的失效时间。相反，如果 $T_f>h\Delta T$，所采取的维护活动将是预防性维护。于是，对于给定的维护时间 $t_m=h\Delta T$，期望的维护成本率能够表示为：

$$
\begin{aligned}
\mathrm{MCR}_{t_m=h\Delta T} &= P((h-1)\Delta T<T_f\leqslant h\Delta T)\frac{C_c}{h\Delta T}+P(T_f>h\Delta T)\frac{C_p}{h\Delta T}\\
&= P(-\Delta T<T_f-h\Delta T\leqslant 0)\frac{C_c}{h\Delta T}+P(T_f-h\Delta T>0)\frac{C_p}{h\Delta T}\\
&= P(-\Delta T<\mathrm{RUL}_h\leqslant 0)\frac{C_c}{h\Delta T}+P(\mathrm{RUL}_h>0)\frac{C_p}{h\Delta T}\\
&= \left(\int_{-\Delta T}^{0}\frac{1}{\sqrt{2\pi}\sigma_h}\mathrm{e}^{-\frac{(t-\mu_h)^2}{2\sigma_h^2}}\mathrm{d}t\right)\frac{C_c}{h\Delta T}+\left(\int_{0}^{+\infty}\frac{1}{\sqrt{2\pi}\sigma_h}\mathrm{e}^{-\frac{(t-\mu_h)^2}{2\sigma_h^2}}\mathrm{d}t\right)\frac{C_p}{h\Delta T}
\end{aligned}
$$

$$(6.20)$$

其次，对于给定的维护时间 $t_m=(h+1)\Delta T$，装备将冒着以下两个退化失效的风险：①在检查时刻 $h\Delta T$，存在 $(h-1)\Delta T<T_f\leqslant h\Delta T$ 期间发生退化失效风险；②在检查时刻 $(h+1)\Delta T$，存在 $h\Delta T<T_f\leqslant(h+1)\Delta T$ 期间发生退化失效风险。另一方面，如果

$T_f > (h+1)\Delta T$，预防性维护将被实施。于是，对于给定的维护时间 $t_m = (h+1)\Delta T$，期望的维护成本率能够表示为：

$$\mathrm{MCR}_{t_m=(h+1)\Delta T} = P((h-1)\Delta T < T_f \leqslant h\Delta T)\frac{C_c}{h\Delta T} + P(h\Delta T < T_f \leqslant (h+1)\Delta T)$$

$$\times \frac{C_c}{(h+1)\Delta T} + P(T_f > (h+1)\Delta T)\frac{C_p}{(h+1)\Delta T}$$

$$= P(-\Delta T < \mathrm{RUL}_h \leqslant 0)\frac{C_c}{h\Delta T} + P(0 < \mathrm{RUL}_h \leqslant \Delta T)\frac{C_c}{(h+1)\Delta T}$$

$$+ P(\mathrm{RUL}_h > \Delta T)\frac{C_p}{(h+1)\Delta T}$$

$$= \left(\int_{-\Delta T}^{0} \frac{1}{\sqrt{2\pi}\sigma_h} e^{-\frac{(t-\mu_h)^2}{2\sigma_h^2}} \mathrm{d}t\right)\frac{C_c}{h\Delta T} + \left(\int_{0}^{\Delta T} \frac{1}{\sqrt{2\pi}\sigma_h} e^{-\frac{(t-\mu_h)^2}{2\sigma_h^2}} \mathrm{d}t\right)\frac{C_c}{(h+1)\Delta T}$$

$$+ \left(\int_{\Delta T}^{+\infty} \frac{1}{\sqrt{2\pi}\sigma_h} e^{-\frac{(t-\mu_h)^2}{2\sigma_h^2}} \mathrm{d}t\right)\frac{C_p}{(h+1)\Delta T}$$

$$(6.21)$$

以此类推，对于给定的维护时间 $t_m = (h+k)\Delta T$，$k \geqslant 0$，期望的维护成本率能够表示为：

$$\mathrm{MCR}_{t_m=(h+k)\Delta T}$$

$$= P((h-1)\Delta T < T_f \leqslant h\Delta T)\frac{C_c}{h\Delta T} + P(h\Delta T < T_f \leqslant (h+1)\Delta T)\frac{C_c}{(h+1)\Delta T}$$

$$+ \cdots + P((h+k-1)\Delta T < T_f \leqslant (h+k)\Delta T)\frac{C_c}{(h+k)\Delta T}$$

$$+ P(T_f > (h+k)\Delta T)\frac{C_p}{(h+k)\Delta T}$$

$$= P(-\Delta T < \mathrm{RUL}_h \leqslant 0)\frac{C_c}{h\Delta T} + P(0 < \mathrm{RUL}_h \leqslant \Delta T)\frac{C_c}{(h+1)\Delta T} + \cdots$$

$$+ P((k-1)\Delta T < \mathrm{RUL}_h \leqslant k\Delta T)\frac{C_c}{(h+k)\Delta T} + P(\mathrm{RUL}_h > k\Delta T)\frac{C_p}{(h+k)\Delta T}$$

$$= \left(\int_{-\Delta T}^{0} \frac{1}{\sqrt{2\pi}\sigma_h} e^{-\frac{(t-\mu_h)^2}{2\sigma_h^2}} \mathrm{d}t\right)\frac{C_c}{h\Delta T} + \left(\int_{0}^{\Delta T} \frac{1}{\sqrt{2\pi}\sigma_h} e^{-\frac{(t-\mu_h)^2}{2\sigma_h^2}} \mathrm{d}t\right)\frac{C_c}{(h+1)\Delta T} + \cdots$$

$$+ \left(\int_{(k-1)\Delta T}^{k\Delta T} \frac{1}{\sqrt{2\pi}\sigma_h} e^{-\frac{(t-\mu_h)^2}{2\sigma_h^2}} \mathrm{d}t\right)\frac{C_c}{(h+k)\Delta T} + \left(\int_{k\Delta T}^{+\infty} \frac{1}{\sqrt{2\pi}\sigma_h} e^{-\frac{(t-\mu_h)^2}{2\sigma_h^2}} \mathrm{d}t\right)\frac{C_p}{(h+k)\Delta T}$$

$$(6.22)$$

如式（6.22）所示，一旦形成了维护成本率函数，那么通过改变维护时间 t_m 的值就可以找到最小的维护成本率值。换句话说，预测维护将安排在带有最小维护成本率值的时刻，即：

$$t_m^* = \mathrm{argmin}\{\mathrm{MCR}_{t_m=h\Delta T}, \mathrm{MCR}_{t_m=(h+1)\Delta T}, \cdots, \mathrm{MCR}_{t_m=(h+k)\Delta T}, \cdots\} \tag{6.23}$$

6.4.3 预测维护实施过程

基于多传感器监测的在役装备，可通过执行以下程序获得预测维护时间。

① 在装备进入退化阶段后，利用 Bi-LSTM 网络实时获得装备剩余寿命预测区间；

② 将装备剩余寿命预测区间转换为剩余寿命概率分布；

③ 可能的装备维护时间将在集合 $\{h\Delta T, (h+1)\Delta T, \cdots, (h+k)\Delta T, \cdots\}$ 内，形成维护成本率函数；

④ 如图 6.7 所示，通过以检查间隔时间 ΔT 为增量改变维护时间 t_m 的值，计算不同 t_m 值下的期望维护成本率值；

⑤ 通过选择最小维护成本率值的时刻确定最优预测维护时间。换句话说，规划在 t_m^* 时刻的预测维护活动将获得最小期望的单位时间维护成本。

6.5 实验验证

本节同样采用 NASA 提供的涡扇发动机公开退化数据集验证所提出的基于剩余寿命预测区间的维护决策优化方法的有效性。在实验中，"train_FD001.txt"提供的 100 组由运行起始到故障结束的完整时间序列用于训练 Bi-LSTM 网络；"test_FD001.txt"和"RUL_FD001.txt"包含的 100 台测试发动机状态监测数据和真实剩余寿命数据用于验证所提出方法的性能。

6.5.1 预测区间评估标准

为了评估和比较不同剩余寿命预测区间估计方法的性能，使用了下面三个评价指标。

(1) 预测区间覆盖概率（prediction interval coverage probability，PICP）

该指标评估构建的预测区间捕获真实目标的能力，如下所示[125,126]：

$$\mathrm{PICP} = \frac{1}{N}\sum_{j=1}^{N} C_j \tag{6.24}$$

式中，如果 $\mathrm{RUL}_j \in [\hat{\mathrm{PL}}_j^{\mathrm{L}}, \hat{\mathrm{PL}}_j^{\mathrm{U}}]$，那么 $C_j=1$，否则 $C_j=0$。显然，PICP 取值范围为 0% 到 100%。对于指定的概率 $100(1-\alpha)\%$，如果 $\mathrm{PICP} \approx 100(1-\alpha)\%$，认为构建的预测区间是可靠的。

(2) 预测区间标准化的平均宽度（prediction interval normalized averaged width，PINAW）

作为基础目标范围的百分比，该指标评估构建的预测区间的平均宽度。PINAW 的定义如下[127]：

$$\text{PINAW} = \frac{1}{RN}\sum_{j=1}^{N}(\widehat{\text{PL}}_j^{\text{U}} - \widehat{\text{PL}}_j^{\text{L}}) \tag{6.25}$$

式中，R 表示目标变量在整个预测周期的范围（即最大预测值减去最小预测值）。所构建的预测区间 PINAW 值越低，其性能越好。

(3) 基于覆盖率-宽度的标准（coverage width-based criterion，CWC）

该指标给出了基于 PICP 和 PINAW 的综合评估分数。设计的 CWC 的基本思想是：如果 PICP 小于额定置信水平，那么无论区间宽度如何，CWC 都应该很大；而如果 PICP 大于额定置信水平，则 PINAW 成为 CWC 的主要组成部分。CWC 定义如下[128]：

$$\text{CWC} = \text{PINAW}[1 + \gamma(\text{PICP})\text{e}^{-\tau(\text{PICP}-\kappa)}] \tag{6.26}$$

式中，如果 $\text{PICP} \geqslant \kappa$，那么 $\gamma(\text{PICP}) = 0$，否则 $\gamma(\text{PICP}) = 1$；τ 和 κ 是超参数。通常，将 τ 设置在 10 到 100 之间以惩罚无效的预测区间，κ 等于指定的置信水平 $100(1-\alpha)\%$。所构建的预测区间 CWC 值越低，其预测效果越好。

6.5.2 预测区间估计实验结果与分析

(1) 健康状态划分结果

6.3.1 节中介绍的增强 FCM 聚类算法现在用于划分离线发动机的状态监测数据，其中，根据文献 [5, 79]，加权指数和聚类中心个数分别设置为 2 和 4。作为说明，图 6.8（a）和图 6.9（a）示例性地给出了使用标准 FCM 和增强 FCM 算法对训练发动机 ♯1 的健康状态划分结果。图 6.8（a）和图 6.9（a）中清晰的健康状态是根据图 6.8（b）和图 6.9（b）中的最大隶属度获得；健康状态标签 1～4 分别指正常状态、轻度退化状态、中度退化状态和临近失效状态。从图 6.8（a）中可以看出，使用标准 FCM 算法的聚类结果中存在一些异常值。相比之下，增强的 FCM 算法可以获得清晰的聚类结果，见图 6.9（a）。所获得的清晰聚类结果表明，所提出的增强 FCM 聚类算法可以提高标准 FCM 算法的聚类精度。此外，图 6.9（b）中的隶属度为健康状态的划分提供了有价值的信息，可用于后续预测区间构造。

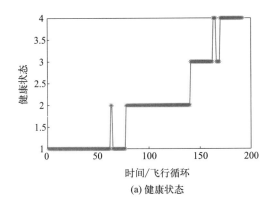
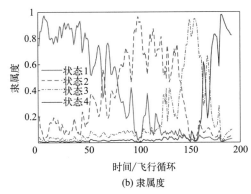

(a) 健康状态　　　　　　　　　(b) 隶属度

图 6.8　基于标准 FCM 算法的健康状态划分结果（训练发动机 ♯1）

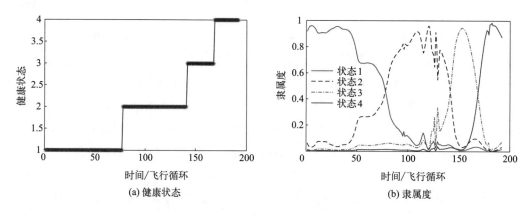

图 6.9　基于增强 FCM 算法的健康状态划分结果（训练发动机 ♯1）

（2）剩余寿命预测边界确定结果

合适的模型参数选择对于构建剩余寿命预测区间非常重要。Bi-LSTM 网络中涉及的参数包括第一隐含层单元数、第二隐含层单元数、批次大小、训练周期、随机失活率和优化器选择。考虑到这些参数之间的相互作用很小，可以通过实验逐一确定。对于第一、第二隐含层单元数，不同测试尺寸设置为（50，100，150，200）；对于最小批次和训练周期，不同测试尺寸设置为（10，20，30，40）；对于随机失活率，不同测试尺寸设置为（0.2，0.3，0.4，0.5）；对于优化器的选择，将 RMSprop 和 Adam 这两种算法作为备选[129]。基于以上设定的 Bi-LSTM 网络参数选择方案，利用对交叉验证集的预测性能测试最终确定这些参数。具体地，表 6.1 给出了 Bi-LSTM 网络的超参数配置。

表 6.1　Bi-LSTM 网络的超参数配置

配置参数	用于剩余寿命预测的 Bi-LSTM 网络	用于剩余寿命预测区间 估计的 Bi-LSTM 网络
第一隐含层单元数	100	150
第二隐含层单元数	50	50
批次大小	20	20
训练周期	30	10
随机失活率	0.2	0.2
优化器	Adam	Adam

基于表 6.1 中 Bi-LSTM 网络的参数配置，可建立剩余寿命点预测模型。考虑到系统在初始运行阶段的退化并不明显，现阶段进行剩余寿命估算是不合适的。一个好的解决方案是采用分段线性剩余寿命函数，也就是说，初始退化阶段的系统被视为一个新系统。在本节中，使用一个拐点为 150 的分段线性函数来校正剩余寿命标签。图 6.10 描述了使用 Bi-LSTM 网络对训练发动机 ♯1 的剩余寿命预测结果。从图中可以看出，早期的剩余寿

命预测值波动较大，而经过几个飞行循环后，预测值以近似线性的方式下降，与实际变化趋势一致。特别是当发动机接近失效时，预测精度处于最高水平。因此，Bi-LSTM 网络能够捕捉发动机退化的基本特征，从而提高泛化能力。

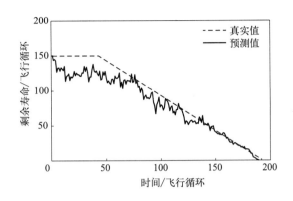

图 6.10　基于 Bi-LSTM 网络的剩余寿命预测结果（训练发动机♯1）

　　一旦得到所有训练样本的离线预测结果，就可以计算出它们对应的预测误差。此外，结合获得的隶属度，可以确定每个健康状态的下预测区间和上预测区间，如表 6.2 所示。以每个健康状态预测区间加权平均值的形式，可计算每个样本的预测区间。图 6.11 描述了训练发动机♯1 整个生命周期内的剩余寿命预测区间构建结果。构建的预测区间由下预测边界和上预测边界组成。从表 6.2 和图 6.11 中可以看出，构建的预测区间随着服务时间的增加而逐渐变窄。这可以通过以下事实来解释：随着服务时间的推移，越来越多的状态监测信息可用，因此预测不确定性逐渐降低。此外，与下预测边界相比，上预测边界与实际值的偏差更大。可能的原因是 Bi-LSTM 网络更倾向于高估剩余寿命。在这种情况下，当将预测结果应用于维护决策时，需要减少不确定性的影响。然而，本节并不关注不确定性降低方法的开发，所感兴趣的是预测不确定性量化。因此，在下一节中，将在测试发动机上测试所提出的剩余寿命预测区间估计方法的性能。

表 6.2　每个健康状态的预测区间　　　　　　　　　　　　　　　　　　单位：飞行循环

健康状态	下预测区间（PIC^L）	上预测区间（PIC^U）
正常状态	−29.67	40.22
轻度退化状态	−19.51	39.29
中度退化状态	−11.02	24.77
临近失效状态	−9.31	11.31

（3）在线剩余寿命预测区间估计结果

　　基于离线状态监测数据和离线确定的预测边界，可以使用具有两个输出的 Bi-LSTM 网络建立剩余寿命预测区间估计模型，其中网络的两个输出分别对应于剩余寿命预测的下边界和预测的上边界。随后，利用训练好的 Bi-LSTM 网络估计测试发动机的剩余寿命预

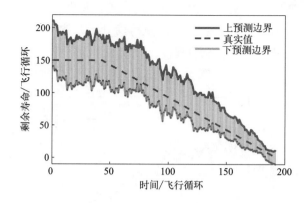

图 6.11　基于 Bi-LSTM 网络的剩余寿命预测区间构建结果（训练发动机♯1）

测区间。为了可视化，图 6.12 显示了测试集在 95％置信水平下剩余寿命预测区间的部分估计结果。从图中可以观察到，由上预测边界和下预测边界组成的预测区间可以适当地覆盖实际目标值。随着发动机服务时间的推移，上预测边界和下预测边界均能够很好地跟随实际值的趋势变化。图 6.13 描述了 100 台测试发动机的剩余寿命预测区间估计结果。从图中可以看出，96％的真实数据点都包含在估计的预测区间中，这意味着所获得的预测区间覆盖率为 96％，且非常接近 95％的置信水平。因此，所提出的剩余寿命区间估计方法是可靠的。

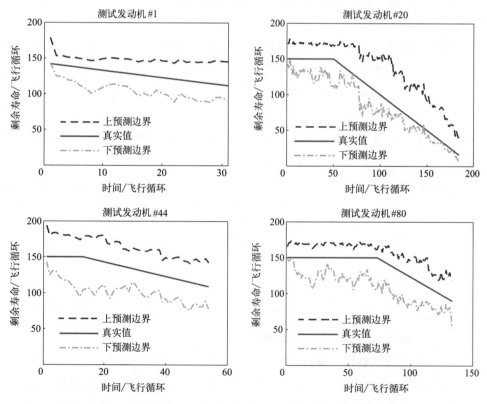

图 6.12　测试集在 95％置信水平下剩余寿命预测区间的部分估计结果

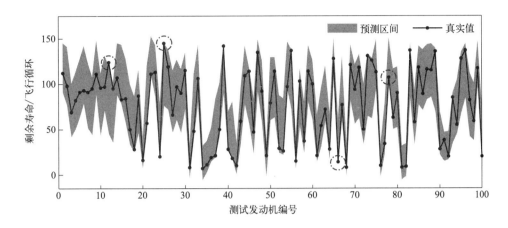

图 6.13   100 台测试发动机的剩余寿命预测区间估计结果

（4）不同预测区间估计方法的比较

为了突出本章提出的剩余寿命预测区间估计方法的优势，使用以下四种区间估计方法进行比较分析：韦布尔分析的核二样本检验（KTST-Weibull）[130]、基于信息粒度的多层感知器（IG-MLP）[131]、自助支持向量回归（BSVR）[132] 和基于收费系统搜索的上下限估计（CSS-LUBE）[133]。KTST-Weibull 和 IG-MLP 已经被开发并应用于航空发动机的剩余寿命区间估计。BSVR 和 CSS-LUBE 是两种典型的区间估计方法：BSVR 是统计学中经典自助抽样法的扩展，而 CSS-LUBE 是原始上下限估计方法的增强[134]。接下来，将使用 6.5.1 节中所述的 PICP、PINAW 和 CWC 指标测量这五种方法的预测性能。其中，根据文献 [134]，将超参数 τ 和 κ 分别设置为 50 和 0.95。表 6.3 列出了这五种方法进行预测区间估计的性能比较结果。此外，表中还记录了各个方法的计算时间。需要指出的是，以上五种方法是在 MATLAB R2019a 软件中执行的，其硬件环境为：Intel（R）Core（TM）i5-10210U CPU @ 1.60GHz 2.11 GHz。

对于 PICP 指标，本章所提出的方法、KTST-Weibull 方法和 CSS-LUBE 方法分别可以获得 96%、96% 和 97% 的覆盖概率。这三个结果均大于预定的置信水平（95%），这意味着这三种方法均可以构建可靠的预测区间。相比之下，IG-MLP 方法的覆盖概率仅为80.3%，BSVR 方法的覆盖概率为 93%。显然，这两种方法并不令人满意，因为它们增加了决策失败的风险。在 PINAW 指标方面，本章所提出的方法获得了最低的 PINAW 值（36.53%），这有助于更自信地做出决策。结合 PICP 和 PINAW 指标，计算了能反映方法整体性能的 CWC 指标。具体地，本章方法获得的 CWC 指标为 36.53%，KTST-Weibull 方法为 43.25%，IG-MLP 方法为 600.77%，BSVR 为 153.34%，CSS-LUBE 方法为 53.68%。上述结果表明，本章方法优于其他四种方法，可构造更优的剩余寿命预测区间。

表 6.3　预测区间估计的性能比较

方法	PICP/%	PINAW/%	CWC/%	计算时间/s
本章方法	96.00	36.53	36.53	122.24
KTST-Weibull[130]	96.00	43.25	43.25	102.83
IG-MLP[131]	80.30	38.58	600.77	168.39
BSVR[132]	93.00	41.24	153.34	1287.26
CSS-LUBE[133]	97.00	53.68	53.68	45.52

此外，还对这些方法的复杂性进行了研究。对于 BSVR 方法，需要训练多个 SVR 模型来构建预测区间。计算时间可能是一个令人担忧的问题，1287.26s 的总运行时间证实了这一点。关于 CSS-LUBE 方法，它是通过最小化基于预测区间的目标函数来实现的。该方法相对简单，总运行时间仅为 45.52s。就本章的方法而言，运行时间主要花在 Bi-LSTM 网络的两次训练上。第一次训练的目的在于从训练误差中找到与预测边界相关的信息，而第二次训练的目的是构建可靠的预测区间。最后，122.24s 的总运行时间表明，本章所提出的方法与相关算法相比仍然很快。

（5）剩余寿命点预测与预测区间估计的讨论

剩余寿命预测是对航空发动机未来健康状态的评估，不可避免地会产生不确定性。与确定性剩余寿命点预测相比（见图 6.14），估计剩余寿命预测区间有几个潜在的好处。首先，在一定置信水平下的预测区间估计（也被称为概率预测）在科学上更"诚实"和现实，因为它有助于认知不确定性[135]。其次，剩余寿命预测区间允许管理者通过明确考虑风险做出明智和适当的决策，而传统的逐点决策方法不提供此类额外信息。如图 6.14 所示，测试发动机♯3～♯19 具有相对较宽的预测区间，这表明装备运行中存在高度不确定性。这些信息可以指导决策者在不确定条件下避免风险活动。然而，对于确定性剩余寿命点预测，此处的预测结果不令人满意，并且没有可用的附加信息，这可能导致错误的决策。相比之下，狭窄的预测区间（例如，对于测试发动机♯43～♯51）意味着较少的不确

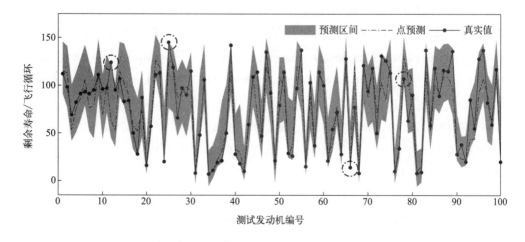

图 6.14　确定性剩余寿命点预测与预测区间估计结果比较

定性，因此决策具有较高的可信度和较低的风险。因此，预测区间宽度变化对决策有着实际意义，所构建的预测区间可以作为点预测的补充信息源并与点预测相结合，以提高决策过程的可靠性和效率。

虽然剩余寿命预测区间估计具有诸多优点，但缺点也很明显。例如，提出的剩余寿命预测区间估计方法涉及数据聚类、数理统计分析和深度学习等技术。于是，基于 Bi-LSTM 网络的剩余寿命预测区间估计方法相对复杂，因此可能难以理解和实现。关于确定性点预测，它提供了易于理解的单个数字。在某些情况（例如，对于实际、更直接和操作层面的规划）下，决策可能需要定量输入，因此单个数字非常友好[136]。相反，概率预测并没有提供单个数字，而是给出了一个预测区间。因此，概率预测的结果需要以对最终用户决策更有用的近似方式重新组织。

6.5.3 维护决策实验结果与分析

(1) 剩余寿命分布构建结果

基于 95% 置信水平构造剩余寿命预测区间（见图 6.13），接下来的一步是计算正态分布的参数。作为一个描述，表 6.4 给出了部分测试样本对正态分布位置参数 μ 和尺度参数 σ 的计算结果。表的第一列表示所选取的部分测试发动机编号，第二列表示测试发动机真实的剩余寿命，第三列表示来自图 6.13 的预测区间，最后两列分别表示根据第三列预测区间所计算的正态分布 μ 和 σ 参数。譬如，对于测试发动机♯9，基于 Bi-LSTM 网络，可获得剩余寿命预测区间为 [89.25，148.09]。将剩余寿命预测区间的上界和下界代入式 (6.18)，可计算出参数 μ 的值为 118.67；接着，将 $\mu=118.67$ 代入式 (6.19)，可求解出参数 σ 的值为 15.01。类似地，可计算出所有测试发动机的剩余寿命分布参数，从而确定了剩余寿命概率分布。

表 6.4 部分测试发动机对正态分布位置参数 μ 和尺度参数 σ 的计算结果

测试发动机	真实的剩余寿命/飞行循环	构建的预测区间	μ	σ
♯9	111	[89.25,148.09]	118.67	15.01
♯19	87	[46.33,115.54]	80.94	17.66
♯29	90	[46.51,116.51]	81.51	17.86
♯39	142	[90.54,144.97]	117.75	13.89
♯49	21	[−1.68,35.20]	16.76	9.41
♯59	114	[80.39,142.64]	111.52	15.88
♯69	121	[81.87,143.40]	112.64	15.70
♯79	63	[50.20,116.49]	83.34	16.91
♯89	136	[69.28,139.57]	104.43	17.93
♯99	117	[98.52,147.56]	123.04	12.51

作为说明，图 6.15 示例性地展示了对部分测试样本（测试发动机♯9、♯39、♯69、

♯99）构建的剩余寿命分布结果。由于剩余寿命分布的数学期望为位置参数 μ 的值，于是 μ 值可视为剩余寿命的点估计。从图中可以看出，对于测试发动机♯9、♯69 和♯99，剩余寿命点估计与真实的剩余寿命十分接近；而对于测试发动机♯39，尽管剩余寿命点估计与真实的剩余寿命偏离较远，但真实的剩余寿命仍能够被构建的剩余寿命分布的 95％ 预测区间所包围。以上结果表明，所构建的剩余寿命分布是有效的，能够描述剩余寿命预测过程中的不确定性。另外，对于测试发动机♯39 和♯99 所构建的剩余寿命分布曲线呈现瘦、高的形状，而对于测试发动机♯9 和♯69 所构建的剩余寿命分布曲线较为扁平。这主要是因为：对于测试发动机♯39 和♯99，尺度参数 σ 的计算值分别为 13.89 和 12.51，均小于测试发动机♯9 和♯69 的尺度参数 σ 的计算值（15.01 和 15.70）。

（2）预测维护优化结果与分析

基于图 6.15 构建的剩余寿命分布，可将其与维护相关成本联系起来，继而形成维护成本函数。于是，实施预测维护的时间能够通过优化维护成本率函数获得。当剩余寿命预测完美时，理想的预测性维护活动能够规划在系统失效前的一个检查周期。对于非完美剩余寿命预测，在各式各样的修复性与预防性成本结构场景下（C_c/C_p），最优的维护时间具有不同的规划策略。如图 6.16 所示，为了研究最优预测性维护策略的适用性情况，三种修复性与预防性成本结构场景被给出：$C_c/C_p = 1.2$、$C_c/C_p = 1.5$ 和 $C_c/C_p = 2$（$C_p = 100$）。需要指出的是：①修复性维护费用比预测性维护费用更贵，即 $C_c > C_p$；②假

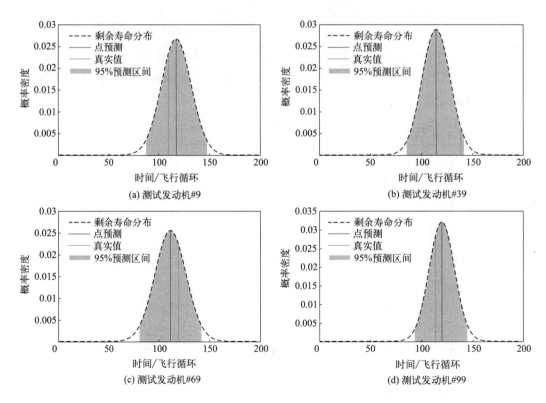

图 6.15　对于部分测试样本构建的剩余寿命分布结果

定每 5 个飞行循环对发动机进行检查，这意味着规划的维护活动将发生在未来为 5 飞行循环倍数的某一时刻；③带有最小维护成本率的时刻被规划为预测维护时间。下面以测试发动机♯9 为例进行说明，其真实的失效时刻为 $T_f = 166$（飞行循环）。

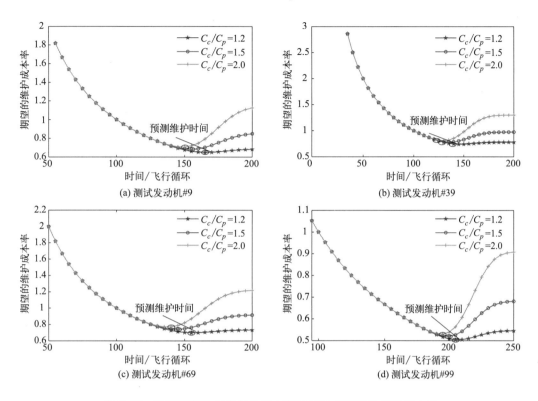

图 6.16　不同预防性与修复性成本结构场景下期望的维护成本率

对于测试发动机♯9，在 $C_c/C_p = 1.2$ 的成本结构场景下，在第 165 个飞行循环之前，期望的维护成本率随着发动机服务时间的增加而降低；在第 165 个飞行循环之后，期望的维护成本率随着发动机服务时间的增加而微弱增加。这可以解释为：一方面，实施早期维护可能会缩短正常运行时间并增加维护成本率；另一方面，由于发动机运行后期存在退化失效的风险，维护成本率也将增加。因此，具有最小维护成本率的第 165 个飞行循环可被视为执行预测维护的适当时间。对于 $C_c/C_p = 1.5$ 和 $C_c/C_p = 2$ 的成本结构场景，具有最小维护成本率的预测维护时间分别是第 155 和 150 个飞行循环。很明显，当修复性维护成本远高于预防性维护成本时，所提出的维护策略建议尽快安排预测维护活动，以防止出现发动机失效时带来的昂贵修复性维护成本。另外，对于测试发动机♯39、♯69、♯99 也得出了相同的结论。

6.6　本章小结

本章提出了一种基于剩余寿命预测区间的预测维护方法。该方法包含了从实施不确定性剩余寿命预测到做出维护决策的完整过程。在预测方面，提出了一种基于 Bi-LSTM 网络的剩余寿命区间估计方法来描述预测中的不确定性。该方法的一个显著特点是将数据聚类、数理统计分析和深度学习技术集成到一个统一的框架中。与确定性剩余寿命点预测不同，剩余寿命预测区间估计允许管理者认知不确定性，从而帮助其做出更合理的维护决策。在预后方面，基于高斯分布假设将估计的剩余寿命预测区间转换为剩余寿命概率分布，进一步通过将构建的剩余寿命分布与维护相关成本联系起来，形成了维护成本率函数。从运营管理的经济性要求出发，可通过优化维护成本率函数来确定实施维护活动的时间。最后，使用 NASA 提供的航空发动机公开数据集验证了本章方法的可行性和有效性。

第**7**章 基于失效概率估计的
预测维护方法

7.1 概述

尽管机器学习或深度学习技术在 PHM 系统中得到了不断发展与改进，但之前的研究大多基于分段线性的剩余寿命目标函数，其中定义剩余寿命最大值并非易事[137]。此外，在这些研究中，预测被视为回归问题，它提供了预测的剩余寿命值，但其精度严格取决于预测范围，即从当前预测时刻开始到装备实际失效时刻之间的时间段。因此，在装备早期退化阶段使用预测的剩余寿命值可能会导致错误的决策。

为解决这个问题，本章提出了一种基于失效概率估计的预测维护方法。首先，设计了退化特征选择模块，可以使失效预测和维护决策在存在不确定性的情况下具有更低的计算量、更快的收敛速度和更好的鲁棒性。然后，以退化特征作为多元 LSTM 回归器的输入，预测了装备退化特征在未来的变化趋势。接着，将预测的退化特征趋势输入多元 LSTM 分类器，实现了装备在未来不同时间窗口的失效概率预测。对于维护决策，可通过基于性能退化的失效预测结果在线评估维护成本来确定进行预测维护的最佳时间。基于以上的实现方式，本章所提出的方法并不要求剩余寿命的分段线性假设，能够提供装备在未来不同时间窗口的失效概率并做出更加可靠的维护决策。

7.2 主要思想

起初，文献［73］提出了一种从数据驱动的失效预测到维护决策的完整框架，如图 7.1 所示。整个过程在功能上包括三个部分：LSTM 建模、在线失效预测和维护决策。

LSTM 建模步骤包括训练 LSTM 分类器，并使用 LSTM 分类器确定在线测量值的退化标签。此处，LSTM 分类器直接处理多元原始状态监测数据，然而这可能导致 LSTM 建模计算量大、收敛速度慢、鲁棒性差，并最终降低失效预测的准确性。在线失效预测阶

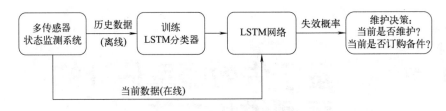

图 7.1 文献 [73] 中的预测维护框架

段，LSTM 网络提供了装备当前时刻失效的概率，这意味着决策是即时性的。装备的即时决策只回答当前是否需要进行维护，而不给出装备必须采取预防性维护活动的确切时间。显然，在实践中，长期、可靠的决策对于行业组织者提前计划生产、库存和维护活动更为重要。

为了克服上述问题，本章提出了一种增强的预测维护策略，它能够实现装备在未来不同时刻的失效预测并做出长期、可靠的维护决策，主要步骤如图 7.2 所示。相比于图 7.1 中的原始预测维护策略，本章所提出的预测维护策略具有以下三个方面的不同：

① 在数据预处理阶段，本章所提出的维护策略能够从多变量原始数据中提取反映装备退化的关键特征；

② 在 LSTM 建模步骤中，本章所提出的维护策略额外构建了一个 LSTM 回归模型，实现了装备退化特征的未来变化趋势预测；

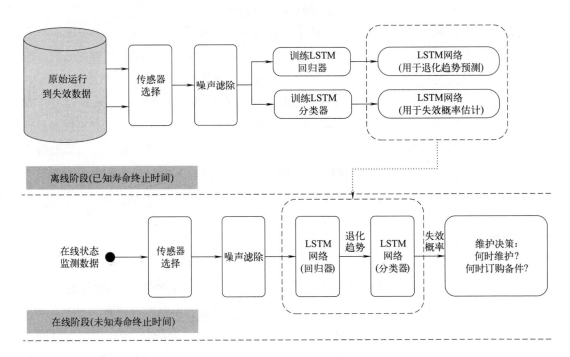

图 7.2 增强的预测维护框架

③ 在维护决策步骤中，本章所提出的维护策略能够基于装备性能退化的预测值规划长期的维护策略，譬如何时维护装备和何时订购备件。

图 7.3 描述了动态即时决策和长期决策之间的差异。在当前时刻，即时决策回答装备是否需要进行维护，而长期决策给出装备必须进行预防性维护的确切时间。很明显，长期决策的视野更为宽广。随着装备运行时间的增加，传感器将获得更多的状态监测数据，进而使得决策结果更为准确。

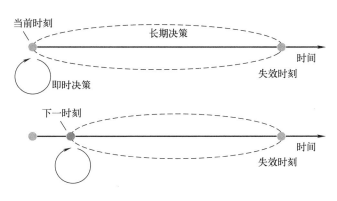

图 7.3　动态即时决策和长期决策对比

7.3　基于性能退化的失效概率预测

7.3.1　退化趋势预测

作为失效概率估计模型的重要输入，退化趋势预测的精确与否，直接影响失效概率估计的准确度[7,138,139]。基于 2.3 节选择的退化特征，接下来一步是预测退化特征的未来趋势。为了保证退化趋势预测的精确性，本节借助 LSTM 网络在时间序列建模上的优势，利用单步迭代的思想实现了退化趋势的预测。

单步迭代策略的主要思想是将模型得到的预测值作为下一步模型输入，继而逐步实现退化特征的多步预测[140]。如图 7.4 所示，x_{t-p+1}，x_{t-p+2}，$\cdots$，x_{t-1}，x_t 是一组输入长度为 p 的时间序列。为了实现未来 H 步的预测，首先，将 x_{t-p+1}，x_{t-p+2}，$\cdots$，x_{t-1}，x_t 作为预测模型的输入，得到下一步的预测值为 $\hat{x}_{t+1}$。图中，$g(\boldsymbol{x}, \hat{\theta})$ 表示输入为 $\boldsymbol{x}$、带有估计参数 $\hat{\theta}$ 的预测模型。然后，将此预测值 $\hat{x}_{t+1}$ 添加进原始序列 x_{t-p+1}，x_{t-p+2}，$\cdots$，x_{t-1}，x_t。然而，为了保证输入的序列长度不变，剔除掉起始的 x_{t-p+1} 值，于是新的输入时间序列为 x_{t-p+2}，$\cdots$，x_{t-1}，x_t，$\hat{x}_{t+1}$。类似地，可以得到新的预测值 $\hat{x}_{t+2}$ 以及新的输入序列 x_{t-p+3}，$\cdots$，x_{t-1}，x_t，$\hat{x}_{t+1}$，$\hat{x}_{t+2}$。重复以上步骤，直到获得 $\hat{x}_{t+H}$ 为止。

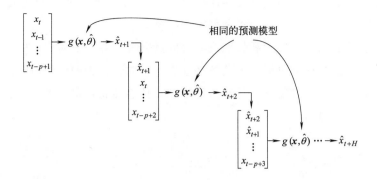

图 7.4　基于单步迭代思想的多步预测迭代过程

基于以上的迭代思想，可使用历史数据训练一个多变量 LSTM 回归器，具体过程参见算法 7-1。在此算法中，$X(I \times F \times K)$ 表示具有 F 个重要特征的退化数据，I 表示样本数，K 表示序列长度，$x_{ij}(k)$ 表示在第 i 个样本中第 j 个变量的第 k 时刻状态监测值。

算法 7-1　基于 LSTM 网络的退化趋势预测模型

输入：　　$X(I \times F \times K)$
输出：　　多变量 LSTM 模型
过程：
1：　　　for $i = 1, 2, \cdots, I$ do
2：　　　　　for $j = 1, 2, \cdots, F$ do
3：　　　　　　　net. input $\leftarrow x_{ij}(1 : K_i - 1)$；
4：　　　　　　　net. output $\leftarrow x_{ij}(2 : K_i)$；
5：　　　　　end for
6：　　　end for
7：　　　♯ 训练 LSTM 网络
8：　　　LSTM $\leftarrow$ train (net. input, net. output, solver. adam, regularization. dropout)；
9：　　　return 多变量 LSTM 模型

在线阶段，对于已经收集到的 1 至 t 时刻的状态监测数据，将以相同的方式进行数据处理，得到具有 F 个重要特征的退化数据。然后，将这具有 F 个重要特征的退化数据直接输入到训练好的多变量 LSTM 网络中。此时，该网络将输出 F 个特征的未来退化趋势，如图 7.5 所示。

7.3.2　未来不同时间窗口的失效概率估计

为了实现失效概率估计，需要提前对退化数据进行标记。根据运营规划人员对维护活动时间窗口的需要，可对数据标签进行相应的定义。例如，如果运营规划员需要知道装备在两个不同时间窗口内是否发生失效的信息，那么数据将被标记为两个类。第一类记为 Deg1，代表装备剩余寿命大于或等于 w_0 的情况，即 RUL$\geqslant w_0$。其中，w_0 表示分割窗口设定的值。第二类记为 Deg2，表征装备剩余寿命低于 w_0 的情况，即 RUL$< w_0$。基于这两个时间窗口（即 RUL$\geqslant w_0$ 和 RUL$< w_0$），分类输出将是包含 2 个元素的一维数组。

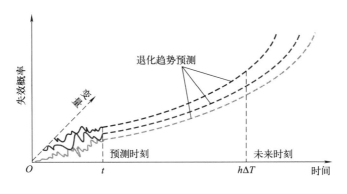

图 7.5 装备的退化趋势预测

如果真实的剩余寿命属于给定的类，则其相应的元素设置为 1，而输出数组的其余元素设置为 0。需要指出的是，上面仅考虑了两个类别，然而必要时可以扩展类或时间窗口的数量。

算法 7-2	基于 LSTM 网络的失效预测模型
输入：	$X(I \times F \times K)$ 和 $R(I \times 1 \times K)$
输出：	多变量 LSTM 模型
过程：	
1：	for $i=1,2,\cdots,I$ do
2：	for $j=1,2,\cdots,F$ do
3：	for $k=1,2,\cdots,K_i$ do
4：	♯数据标签化
5：	$r_{i1}(k) \leftarrow 0 \times \delta(r_{i1}(k) \geqslant \Delta T)$;
6：	$r_{i1}(k) \leftarrow 1 \times \delta(r_{i1}(k) < \Delta T)$;
7：	end for
8：	net.input$= x_{ij}(1:K_i)$;
9：	net.output$= r_{i1}(1:K_i)$;
10：	end for
11：	end for
12：	♯训练 LSTM 网络
13：	LSTM←train（net.input，net.output，solver.adam，regularization.dropout）;
14：	return 多变量 LSTM 模型

在预测维护中，可以使用多个传感器对装备持续地进行监控，其检查间隔通常大于 $\Delta_{\min}$，$\Delta_{\min}$ 是两次连续检查之间可达到的最小值[141]。例如，列车或飞机的检查间隔通常长于其行程时间。假设两次连续检查之间的检查间隔是恒定的（记为 ΔT），且认为维护决策仅在检查期内执行。于是，如果装备在未来某次检查（以第 h 次为例）时装备的剩余寿命小于 ΔT，则表示在下一时刻［即 $(h+1)\Delta T$］，装备很可能发生失效。因此，分割窗口所设定的值 w_0 等于检查间隔 ΔT，即 $w_0 = \Delta T$。相应地，RUL$\geqslant \Delta T$ 和 RUL$< \Delta T$ 这两种标签可以看作两种不同程度的退化状态：第一种是可允许的退化，而第二种是不可容忍的退化。

基于上述剩余寿命的划分，可使用历史数据训练用于失效概率估计的多变量 LSTM

分类器，具体过程参见算法 7-2。在此算法中，$R(I \times 1 \times K)$ 表示剩余寿命数据；第 i 个样本中第 k 时刻的剩余寿命值记为 $r_{i1}(k)$；$\delta(\cdot)$ 是指示函数，当满足条件时为 1，否则为 0。在线阶段，将预测的 F 个特征的未来退化趋势输入到训练好的 LSTM 分类器，可获得未来不同时刻的失效概率。

7.4 两种期望维护成本博弈下的维护决策

7.4.1 维护成本计算

为了使装备保持在理想的状态下运行，采取预防性维护措施是必要的。一个良好的预测维护策略不仅可以使装备保持良好的状态，而且从长远来看，可以使装备的长期维护成本最低。根据预测的失效概率，可计算出装备在未来不同时间窗口内执行预防性维护活动和不执行预防性维护活动所需承担的维护成本。

首先，以将来某一时刻 $h\Delta T$ 为例，预防性维护成本包含了与预防性维护措施相关的所有成本，如备件存储成本、零件更换成本以及装备清洁和装备调整成本等。以上所有与预防性维护措施相关的成本可汇总为 C_p，即：

$$C_p^h = \sum_{i=1}^{m} C_{p,i}^h \tag{7.1}$$

式中，$C_{p,i}^h$ 表示在第 h 检查期内第 i 类与预防性维护措施相关的成本；m 表示与预防性维护措施相关的成本的总类别数。此处需要注意的一个重要假设是，采取预防性维护措施后的装备可以恢复到最初的状态，也即"修复如新"。

如果在 $h\Delta T$ 时刻未采取任何预防性维护措施，则从当前时刻 t 到未来时刻 $h\Delta T$ 之间不会产生预防性维护成本，但面临着装备运行失效的风险。在这种情况下，必须考虑不执行预防性维护的成本，此成本包括在备件不可用情况下的维护成本、意外失效成本以及缺货成本等。因此，决定不采取预防性维护措施时的期望成本能够表示为：

$$C_c^h = \sum_{j=1}^{n} P(\mathrm{RUL}_h < \Delta T) C_{c,j}^h \tag{7.2}$$

式中，$C_{c,j}^h$ 表示在第 h 检查期内第 j 类与修复性维护措施相关的成本；n 表示与修复性维护措施相关的成本的总类别数；$P(\mathrm{RUL}_h < \Delta T)$ 表示在装备检查周期内发生意外失效的概率。

7.4.2 基于成本评估的维护时间的确定

以下长期维护策略试图回答在未来进行维护活动的确切时间点。预测维护时刻可通过期望的预防性维护成本和不执行预防性维护活动所需承担的维护成本两者比较来确定。图 7.6 描述了基于上述维护成本的决策过程。对于未来的某一检查期（第 h 检查期），如果期望的预防性维护成本低于或等于不执行预防性维护所需承担的维护成本，则采取预防性维护活动；否则，在检查期内不需要维护活动，并继续判断下一个检查期内两种期望维护成本大小，直到不执行预防性维护所需承担的维护成本高于预防性维护成本为止。

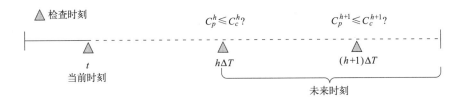

图 7.6　基于维护成本的预测维护决策

正式地，利用数学术语进行描述，预防性维护的执行时刻将通过下式进行确定：

$$t_r = \Delta T \times \inf_{h=1,2,\cdots} \{h \mid h\Delta T > t, C_p^h \leqslant C_c^h\} \tag{7.3}$$

式中，t_r 表示预测的维护时间。

7.4.3　维护成本率计算

基于上文提出的预测维护策略，接下来计算装备运行的维护成本率。维护成本率指标直接反映了所规划的维护策略的经济效益，被定义为总维护成本与总运营持续时间的比值[106]。维护成本率较低的策略被认为具有更佳的性能。应该指出的是，以上提出的预测维护策略在实际维护活动中将面临以下两种可能的场景。

第一种场景是：如果计划的预防性维护时间早于装备的实际失效时间，则将执行预防性维护活动。在这种情况下，装备运行的维护成本率由下式给出：

$$\mathrm{MCR}_p = \frac{C_p^{t_r/\Delta T}}{t_r} = \frac{1}{t_r} \sum_{i=1}^m C_{p,i}^{t_r/\Delta T} = \frac{C_p}{t_r} \tag{7.4}$$

式中，$C_p^{t_r/\Delta T}$ 表示在 $t_r/\Delta T$ 检查期内的预防性维护成本，这里假定预防性维护成本是恒定的，即 $\sum_{i=1}^m C_{p,i}^{t_r/\Delta T} = C_p$。

第二种场景是：如果装备在计划的预防性维护时刻之前发生失效，则必须采取修复性维护。在这种情况下，必须支付修复性维护成本。因此，在装备失效情况 $[P(\mathrm{RUL}_{t_r/\Delta T} < \Delta T) = 1]$ 下的维护成本率为：

$$
\begin{aligned}
\mathrm{MCR}_c &= \frac{C_c^{t_r/\Delta T}}{[T_f/\Delta T]^+ \Delta T} = \frac{1}{[T_f/\Delta T]^+ \Delta T} \sum_{j=1}^n P(\mathrm{RUL}_{t_r/\Delta T} < \Delta T) C_{c,j}^{t_r/\Delta T} \\
&= \frac{1}{[T_f/\Delta T]^+ \Delta T} \sum_{j=1}^n C_{c,j}^{t_r/\Delta T} = \frac{C_c}{[T_f/\Delta T]^+ \Delta T}
\end{aligned} \tag{7.5}
$$

式中，假定修复性维护成本是恒定的，即 $\sum_{j=1}^n C_{c,j}^{t_r/\Delta T} = C_c$；$T_f$ 表示装备真实的失效时刻；$[x]^+$ 表示取不低于实数 x 的最小整数。

7.5 实验验证

本节同样采用 NASA 提供的涡扇发动机公开退化数据集验证所提出的基于失效概率估计的预测维护方法的有效性。在实验中，"train_FD001.txt" 提供的 100 组由运行起始到故障结束的完整时间序列用于训练 LSTM 回归器和 LSTM 分类器；"test_FD001.txt" 和 "RUL_FD001.txt" 包含的 100 台测试发动机状态监测数据和真实剩余寿命数据用于验证所提出方法的性能。

7.5.1 离线预测建模结果

基于 2.7.2 节选择的 7 个退化特征信号（即传感器信号编号 4、7、11、12、15、20 和 21），下面利用 LSTM 网络分别构建并训练退化趋势预测模型和失效概率预测模型。首先，利用交叉验证试验确定了 LSTM 网络的基本参数，即最大迭代次数为 50，随机失活率为 0.2，第一个 LSTM 隐含层单元数为 100，第二个 LSTM 隐含层单元数为 50。然后，利用 7.3.1 节的算法 7-1 对装备的性能退化进行了建模。图 7.7 示例性地描述了训练发动机♯1、♯2 和♯3 的离线退化趋势预测结果。可以看出，无论对于发动机♯1、♯2 还是♯3，离线预测的退化趋势都非常接近真实退化趋势。另外，计算这三台发动机的训练均方根误差（RMSE）分别为 0.5、0.43 和 0.47，这表明退化趋势预测模型已经被很好地建立。

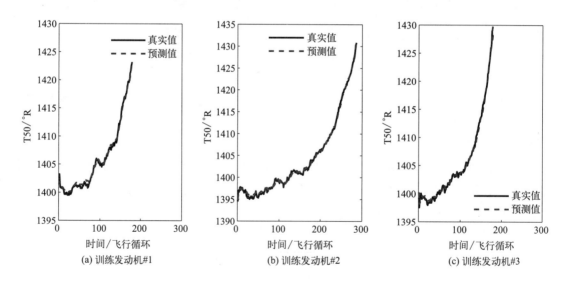

图 7.7　训练发动机♯1、♯2 和♯3 的离线退化趋势预测结果

给定检查间隔 $\Delta T = 10$（飞行循环），可利用 7.3.2 节的算法 7-2 建立失效概率预测模型。图 7.8 描述了训练发动机♯1、♯2 和♯3 的离线失效概率估计结果。其中，横坐标表示发动机的飞行循环，纵坐标 "1" 和 "2" 分别代表两个类别：Deg1 和 Deg2。对于训练

发动机♯1，处于标签"2"的预测时长为1～185个飞行循环，其对应的概率满足 P（RUL<10)<0.5，而实际时长为1～183个飞行循环。对于训练发动机♯2和♯3，标签"2"的预测时长分别为1～277和1～173个飞行循环，而实际时长分别为1～278和1～170个飞行循环。以上这些结果表明失效概率预测模型已经被很好地建立。

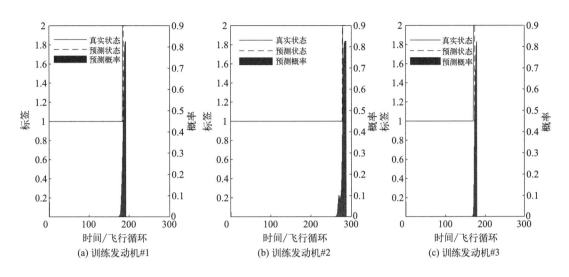

图 7.8　训练发动机♯1、♯2和♯3的离线失效概率估计结果

7.5.2　在线维护规划结果

为了较好地描述发动机的在线维护规划过程，此处将以测试发动机♯1进行示例性说明。首先，发动机的在线预测过程包括在线退化趋势预测和在线失效概率估计。图7.9描述了测试发动机♯1的在线趋势预测结果（相关量与单位的含义可参考表2.1）。从图中能够看出，到目前为止收集的状态监测数据为测试发动机♯1的1～31个飞行循环。然后，发动机的健康状况将随着服务时间的增加而逐步恶化。接下来，将这些预测的退化趋势值输入到已经训练好的失效概率预测模型。图7.10描述了测试发动机♯1的在线失效概率估计结果。可以看出，发动机的失效概率值将随着运行时间的不断增加而加大。当运行时间超过133个飞行循环时，失效概率处于一个较为平稳的值，约为0.8278。值得注意的是，预测失效概率首次超过0.5的时刻是第128个飞行循环，这表明发动机的剩余寿命将

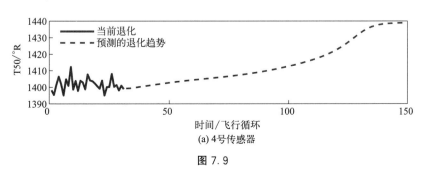

图 7.9

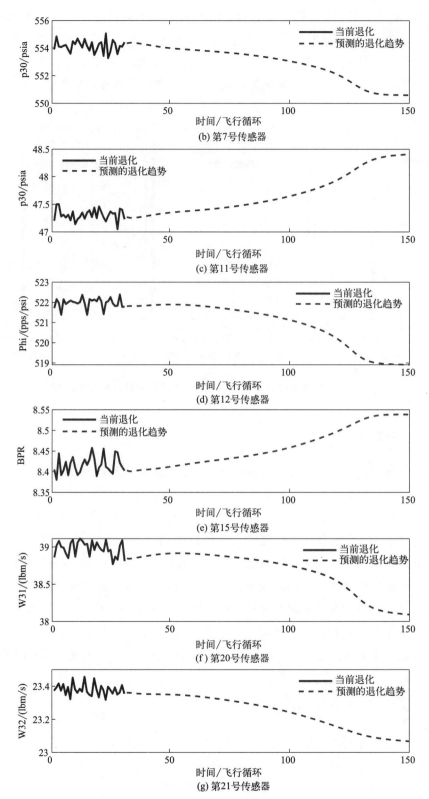

图 7.9 测试发动机♯1 的在线趋势预测结果

只有 10 天左右，也就是说预测的寿命终止时间将为第 138 个飞行循环。进一步，查阅
"RUL_FD001.txt" 文本文件的记录可知，测试发动机♯1 的真实寿命终止时间为 143 个
飞行周期，其预测结果与真实结果相差无几，表明所建立的失效预测模型是有效的。

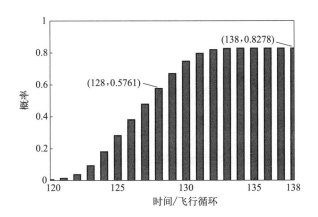

图 7.10　测试发动机♯1 的在线失效概率估计结果

表 7.1　两种维护模式选择下的预期成本❶

运行时间/飞行循环	失效概率	预防性维护成本	非预防性维护成本
31	0	100	0
32	0	100	0
...	...	...	...
118	0	100	0
119	0.0018	100	0.9180
120	0.0046	100	2.3460
121	0.0128	100	6.5280
122	0.0363	100	18.5130
123	0.0916	100	46.7160
124	0.1801	100	91.8510
125	0.2812	100	143.4120

　　基于以上预测信息，接下来将进行维护规划。假设发动机的预防性维护成本 $C_p =$
100、修复性维护成本 $C_c = 510$。根据式（7.1）和式（7.2），可计算出期望的预防性维护
成本和不执行预防性维护的成本，如表 7.1 所示。从表中可以看出，在第 125 个飞行循环
之前，期望的预防性维护成本高于不进行预防性维护的成本，因而在此飞行循环之前不对
发动机实施任何预防性维护活动。而当发动机运行时间到达第 125 个飞行循环之后，估计
的失效概率为 0.2812，此时不执行预防性维护活动所需承担的维护成本为 143.412，高于

---

❶　本章涉及的"成本"数值是为了验证算法而设定的模拟值，无单位。

预防性维护成本 $C_p = 100$。因此，最佳维护时刻是第 125 个飞行循环。然而，考虑到维护技术和后勤的约束，其维护并不能随时随地进行，譬如在飞机发动机的行程中就很难实施维护。于是，本章假设仅在检查期内实施对于发动机的维护。根据给定的检查间隔 $\Delta T = 10$（飞行循环），以及为了保证测试发动机♯1运行的安全可靠性，所提出的维护策略建议将其维护时刻设定在第 120 个飞行循环。

7.5.3 维护策略性能分析

为了突出本章所提出的基于失效概率预测的维护决策设计方法的优越性，以下三种基准维护策略被用于比较分析。

第一种维护策略源自文献［73］，是一种基于失效预测的即时维护决策方法，它通过快速评估多种维护活动面临的成本继而做出即时的决策，比如当前时刻是更换系统还是什么也不做。

第二种维护策略是一种基于历史可靠性的经典定期维护策略。具体地，它利用历史可靠性数据估计出系统的平均无故障时间 $\overline{T_f}$，然后将预防性维护活动规划在这个时刻：

$$T_R = \left[\frac{\overline{T_f}}{\Delta T} \right]^+ \Delta T \tag{7.6}$$

式中，T_R 表示定期维护策略的预防性维护时间。于是，此定期维护策略的维护成本率能够表示为：

$$\mathrm{MCR}_{PeM} = \frac{C_p}{T_R} \delta(T_f > T_R) + \frac{C_c}{[T_f/\Delta T]^+ \Delta T} \delta(T_f \leqslant T_R) \tag{7.7}$$

式中，MCR_{PeM} 表示定期维护策略的维护成本率；$\delta(\cdot)$ 是指示函数，当满足条件时取值为 1，当不满足条件时取值为 0。

第三种维护策略是一种基于完美预测装备失效时刻的理想预测维护策略。在这种情况下，装备可安全运行的最长时间为 T_f。考虑到 T_f 时刻已经发生装备失效了，所以规划的维护时间可设置在临近失效前的某一时刻，譬如 $[(T_f - 1)/\Delta T]^- \Delta T$ 时刻，其中 $[x]^-$ 表示取不超过实数 x 的最大整数。于是，理想预测维护下的维护成本率能够表示为：

$$\mathrm{MCR}_{IPM} = \frac{C_p}{[(T_f - 1)/\Delta T]^- \Delta T} \tag{7.8}$$

式中，MCR_{IPM} 表示理想预测维护策略的维护成本率。

接下来，为了突出本章维护策略在维护规划视野上的优势，文献［73］的预测维护策略被首先用于对比分析。以测试发动机♯1进行示例性描述，对其收集到的状态监测数据是 1～31 个飞行循环。对于当前的检查时刻（第 30 个飞行循环），从表 7.1 中可以得出，本章维护策略建议实施预测维护的时间是第 120 个飞行循环。就第 143 个飞行循环的失效时刻而言，规划的维护时间是合理的，能够保证发动机运行的可靠性和安全性。关于文献［73］呈现的预测维护方法，其决策结果是：在当前检查时刻并不进行任何维护活动。很显然，这种即时维护策略并不规划未来具体的活动，它仅评估装备当前的健康状态并作出

"是"与"否"的决策。然而，本章提出的维护策略能够给出装备必须采取预防性维护活动的确切时间，是一种长期的维护规划策略。在工程实践中，这种长期、可靠的决策对于企业组织者提前计划维护、库存和生产活动更为重要。

其次，为了突出本章维护策略在经济效益上的优势，将本章策略与以上提到的定期维护策略和理想预测维护策略进行比较。需要指出的是，本章维护策略与定期维护策略以及理想预测维护策略均可以实现长期的装备维护规划。在这种情况下，可利用维护成本率来评估这三种维护策略的经济效益。以测试发动机♯1～♯20为例，图7.11描述了在三种维护策略下测试发动机♯1～♯20的维护成本率。从这20个发动机预测维护实例中可以看出，相对于定期维护策略，本章维护策略在大多数发动机案例中具有更低的维护成本率。这主要是因为，为了确保发动机运行安全，定期维护策略相对保守，导致了过度维护，继而经济效益不高。对于理想预测维护策略而言，完美预测仅仅是一个理想的假设，在实践中无法实现。从图7.11中可以看出，很多时候本章维护策略的维护成本率与具有完美预测的理想预测维护策略的维护成本率非常接近。以上这些结果表明，本章维护策略效果良好，能够降低维护成本率。

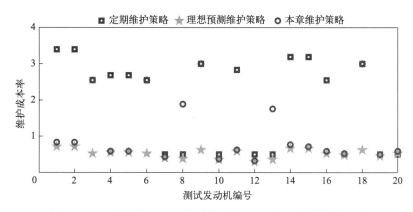

图 7.11   三种维护策略下测试发动机♯1～♯20的维护成本率

7.6   本章小结

本章提出了一种基于失效概率估计的预测维护方法。所提出的方法并不要求剩余寿命的分段线性假设，能够提供装备在未来不同时间窗口的失效概率。由于这些时间间隔可根据运营计划者的要求进行定义，因而此类措施能够更好地适应实际需求。此外，所提出方法的输出不依赖于从做出预测时刻到实际失效时刻的预测范围，有利于限制装备在早期退化阶段的错误决策。接下来，使用这些预测信息，提出的预测维护策略给出了装备必须进行预防性维护活动的准确时间，解决了即时决策问题，可最大限度地延长装备寿命并降低维护成本。最后，使用NASA提供的航空发动机公开数据集验证了本章方法的可行性和有效性。

第8章 考虑备件管理约束的预测维护方法

8.1 概述

实施维护活动的重要基础之一是维护资源调度。在传统维护策略研究中，通常忽视了备件管理活动对决策的影响或者简单以备件历史消耗量为依据实施备件订购与管理，这使得所制定的维护策略难以满足实际运行的需要。换句话说，在优化装备运营管理时应该统筹考虑装备维护和备件管理[142]。在现代工程装备中，基于传感器采集到的状态监测数据是支撑维护决策的基础，因此，在利用状态监测数据进行装备剩余寿命预测的基础上，研究包含库存在内的维护调度策略对提升维护决策的准确性十分重要。

为解决这个问题，本章提出了一种考虑备件管理约束的预测维护方法。首先为了实现装备的健康预测（健康状态评估和剩余寿命预测），开发了一种由深度自编码器（deep auto-encoder，DAE）和 Bi-LSTM 网络组成的深度学习集成模型。DAE 用于提取隐藏在状态监测数据中的深度代表性特征，而 Bi-LSTM 的加入允许在前向和后向时间方向上学习特征的时间相关性信息。因此，这两种模型的结合形成了一种有效的装备健康预测模型。然后，根据获得的预测信息，通过设计两条规则确定了包含备件管理在内的最佳维护决策。第一条规则预设一个可靠剩余寿命阈值，以动态判断在当前检查时刻是否进行维护，而第二条规则预设某一健康状态，以动态确定在当前检查时刻是否进行备件订购。基于以上的设计方式，所提出的方法实现了库存决策和维护决策的集成统一。

8.2 主要思想

本章所提出的方法是基于实时状态监测信息对装备的剩余寿命和健康状态进行预测，并基于健康预测结果做出最佳的维护决策。如图 8.1 所示，本章提出的考虑备件管理活动的预测维护方法框架由离线和在线两个阶段构成。

在离线阶段，基于已有的历史状态监测数据，建立行之有效的装备健康预测模型是其主要任务。首先，构建并训练 DAE 网络以提取隐藏在状态监测数据中的深层代表性特征。代表性特征和可用剩余寿命标签被视为训练 Bi-LSTM 回归器的输入和输出。同时，还训练了一个 Bi-LSTM 分类器用于健康状态评估，其中分类标签由 6.3.1 节的模糊 C 均值（FCM）聚类算法提供。

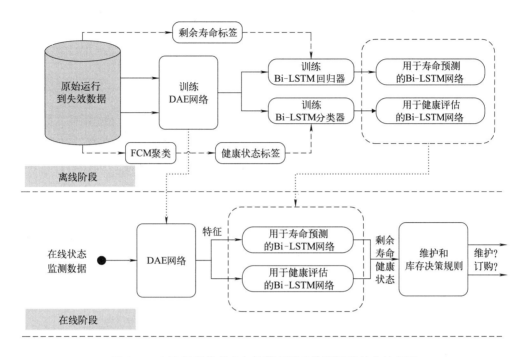

图 8.1　本章提出的考虑备件管理活动的预测维护方法框架

在在线阶段，传感器收集到的在线状态监测数据直接输入到训练好的 DAE 和 Bi-LSTM 集成网络中。紧接着，集成网络独立输出剩余寿命预测值和健康状态估计值。最后，基于健康预测信息，决策模块将做出维护决策和库存决策。具体地，决策模块通过将预测的剩余寿命与预设的可靠剩余寿命阈值相比较，以动态判断是否在当前检查时刻进行维护；另一方面，估计的健康状态也与预设的健康状态进行比较，以此动态确定在当前检查时刻是否进行备件订购。

8.3　基于深度学习集成的系统健康预测

8.3.1　两种深度学习算法集成

自编码器是一种能够将输入再现到输出的神经网络，通常包括"编码器"和"解码器"两部分[143,144]。"编码器"目的在于将输入 $\boldsymbol{x} \in \mathbf{R}^D$ 映射到代码层 $\boldsymbol{h} \in \mathbf{R}^d$（$d < D$），即：

$$h = f(\boldsymbol{W}\boldsymbol{x} + \boldsymbol{b}) \qquad (8.1)$$

式中，h 被视为输入的压缩表示；f、$\boldsymbol{W}$ 和 $\boldsymbol{b}$ 分别指代输入的激活函数、权值和偏置。"解码器"与"编码器"功能相反，它试图将代码层 $\boldsymbol{h} \in \mathbf{R}^d$ 映射到输出 $\tilde{\boldsymbol{x}} \in \mathbf{R}^D$。于是，对输入 $\boldsymbol{x} \in \mathbf{R}^D$ 的输出重构能够表示为：

$$\tilde{\boldsymbol{x}} = g(\tilde{\boldsymbol{W}}\boldsymbol{h} + \tilde{\boldsymbol{b}}) \qquad (8.2)$$

式中，g、$\tilde{\boldsymbol{W}}$ 和 $\tilde{\boldsymbol{b}}$ 分别指代输出的激活函数、权值和偏置。为了将初始输入复制到它的输出，定义了如下损失函数 Loss_{AE}，并期望将其最小化：

$$\text{Loss}_{AE} = \frac{1}{N}\sum_{i=1}^{N}(\tilde{x}_i - x_i)^2 \qquad (8.3)$$

式中，N 是训练样本数。

为了提取隐藏在状态监测数据中的深层代表性特征，本章采用了一种具有深层结构的自动编码器，也称为 DAE，如图 8.2 所示。DAE 包含了多个隐含层，其潜在思想是将初始输入数据转换为较小的特征表示，从而达到一定程度的质量[145]。DAE 最重要的品质之一是，这种较小的特征表示可用于重建原始输入数据。尽管当前有主成分分析、局部保留投影和线性判别分析等多种数据降维方法，但由于 DAE 在多层线性学习、非线性变换上的独特能力，因此本章首选 DAE 算法。换句话说，DAE 在表示线性和非线性变换方面提供了更大的灵活性，而上述其他方法只能执行线性变换。

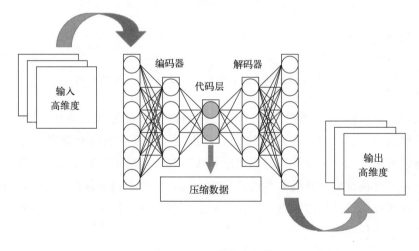

图 8.2　DAE 的基本架构

虽然 DAE 允许提取隐藏在状态监测数据中的深层代表性特征，但它不能学习特征的时间相关性信息。退化装备的状态监测数据通常是一组时间序列，时间序列中不可避免地包含长期相关性。为了更有效地支持退化预测，应考虑装备退化的深层次表示和信号特征的长期依赖性。LSTM 和 Bi-LSTM 网络都能够处理长期依赖关系。与 LSTM 相比，Bi-LSTM 可以同时学习前向和后向时间相关信息，有助于退化预测。于是，借助 6.3.2 节介绍的 Bi-LSTM 网络，可将 DAE 压缩后的退化特征输入到 Bi-LSTM 网络，从而构成

DAE 和 Bi-LSTM 的集成算法，简记为 DAE-Bi-LSTM。

关于装备的剩余寿命预测，将反映装备退化的多个传感器测量值作为 DAE-Bi-LSTM 模型输入，剩余寿命为模型输出。于是，模型训练的主要目标是最小化指定的损失函数来确定模型参数（即网络权重和偏置）。在本节中，输入和输出之间的均方根误差（RMSE）被考虑为剩余寿命建模的损失函数，于是有：

$$J_{\mathrm{RUL}} = \sqrt{\frac{1}{K}\sum_{i=1}^{K}\left[\frac{1}{L_i}\sum_{t=1}^{L_i}(\widehat{\mathrm{RUL}}_t^{(i)} - \mathrm{RUL}_t^{(i)})^2\right]} \tag{8.4}$$

式中，J_{RUL} 表示剩余寿命建模的损失函数；K 为批次中的单元数；L_i 是观测序列长度；$\widehat{\mathrm{RUL}}$ 和 RUL 分别表示估计的剩余寿命值和真实的剩余寿命值。

关于装备的健康状态评估，将反映装备退化的多个传感器测量值作为 DAE-Bi-LSTM 模型输入，健康状态为模型输出。其中，为了标记装备的健康状态，可使用 6.3.1 节的 FCM 算法对多维传感器数据进行聚类。考虑到健康状态评估中的多分类问题，可利用 "softmax" 激活函数提供多个健康状态的概率分布，而最终健康状态由概率最大的类别确定[146]。最后，为了训练 Bi-LSTM 分类器，可利用交叉熵作为损失函数来处理多个互斥类，即：

$$J_{\mathrm{HS}} = \frac{1}{K}\sum_{i=1}^{K}\left(-\frac{1}{L_i}\sum_{t=1}^{L_i}\sum_{j=1}^{C}r_{t,j}^{(i)}\ln\hat{r}_{t,j}^{(i)}\right) \tag{8.5}$$

式中，J_{HS} 表示健康状态评估模型的损失函数，描述了 $\hat{r}$ 和 r 之间距离的返回交叉熵；$\hat{r}$ 是指预测的概率分布；r 是真实的概率分布。

8.3.2　装备健康预测实现过程

算法 8-1　基于深度学习集成的装备健康预测模型
输入：　原始的多维传感器信号
输出：　DAE-Bi-LSTM 集成模型
过程：
1：　　♯训练 DAE 网络
2：　　多维传感器数据归一化；
3：　　初始化 DAE 网络的降维维度、训练时期数、神经网络节点数、批尺寸等；
4：　　while DAE 网络的训练时期数低于设定值 do
5：　　　　根据式(8.1)和式(8.2)获得重构输出 $\tilde{x}$；
6：　　　　根据式(8.3)计算重构误差 $\mathrm{Loss_{AE}}$；
7：　　　　应用 Adam 算法更新 DAE 网络的权值和阈值；
8：　　end while
9：　　获得降低维度后的退化特征 $\boldsymbol{h} \in \mathbf{R}^d$
10：　　♯训练 Bi-LSTM 网络
11：　　while Bi-LSTM 网络的训练时期数低于设定值 do
12：　　　　将降维后的退化特征 $\boldsymbol{h} \in \mathbf{R}^d$ 输入至 Bi-LSTM 网络，获得剩余寿命或健康状态输出；
13：　　　　根据式(8.4)或式(8.5)计算损失函数 J_{RUL} 或 J_{HS}；
14：　　　　应用 Adam 算法更新 Bi-LSTM 网络的权值和阈值；
15：　　end while
16：　　return 权值、阈值确定的 DAE-Bi-LSTM 集成模型

在总结所提出的 DAE 和 Bi-LSTM 集成细节时，算法 8-1 概述了装备健康预测实现的一般过程。在此算法中，初始输入为原始传感器测量值，整个算法执行后的预期输出为装备健康值（剩余寿命和健康状态）。计算过程涉及两个主要步骤（训练 DAE 网络和训练 Bi-LSTM 网络），其中每个步骤都包含自己的子过程。子过程以串联的方式集成，即前一个子过程为后续子过程提供输入。最终，所有子过程协同形成一个独特而强大的算法，可对装备健康进行预测。

8.4　基于预测信息的维护和库存决策规则

8.4.1　维护决策规则

在本章提出的预测维护框架内，每个监控点需要做出的基本决策是：基于所有可用监控信息，是否应该对装备实施维护或是否应该订购备件[73]？此处假设维护活动是完美的，并可通过更换失效部件来实现。如果回答为"是"的话，那么何时是更换或订购的最佳时间呢？根据基本假设（即装备维护决策仅在检查期间执行），并基于装备健康预测信息（剩余寿命和健康状态），可设计如下维护和库存决策规则。

如图 8.3 所示，如果装备在当前检查期间（以第 h 次检查为例）仍然工作，则根据可用监测数据更新其健康状态（HS）和剩余寿命（RUL）。由于维护仅在检查期间执行，因此有必要了解当前剩余寿命是否短于检查间隔 ΔT。如果回答为"是"，这意味着必须进行预测性维护活动，因为装备可能在下次检查时发生失效。因此，更换失效部件的决定如下：

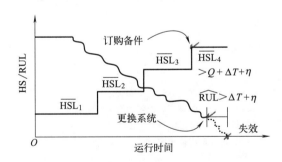

图 8.3　动态预测维护决策示意图

$$\text{Maintenance} = \begin{cases} 1, & \widehat{\text{RUL}}_h \leqslant \Delta T + \eta \\ 0, & \text{其他} \end{cases} \quad (8.6)$$

式中，Maintenance＝1 表明选择了更换选项，Maintenance＝0 意味着什么也不做；η 是一个可靠性变量，以减少过高估计的剩余寿命导致意外停机的风险。在本章中，η 值由剩余寿命等于 ΔT 的训练样本的平均绝对误差确定，即：

$$\eta = \frac{1}{M}\sum_{i=1}^{M}\left(\frac{1}{L_i}\sum_{t=L_i-\Delta T}^{L_i}|\widehat{\mathrm{RUL}}_t^{(i)} - \mathrm{RUL}_t^{(i)}|\right) \tag{8.7}$$

式中，M 是训练单元的个数，满足 $N = L_1 + L_2 + \cdots + L_M$。

8.4.2 库存决策规则

关于库存决策，必须考虑维护期间备件的可用性情况。显然，对于提前期为 Q 的订单，应在装备剩余寿命等于 $Q + \Delta T + \eta$ 之前安排。然而，由于该时期的状态监测信息较少，实现准确的剩余寿命预测是不容易的。为了解决这一问题，考虑了具有低不确定性的健康状态评估信息。与剩余寿命预测不同，装备健康状态评估只需确定当前装备健康状况属于哪一类。很明显，与剩余寿命预测相比，此阶段的装备健康状态评估更切实可行。因此，现在的问题是如何根据装备健康状态预测信息做出备件库存决策。

如前所述，可使用 FCM 算法将装备整个生命周期的传感器测量数据划分为 C 个健康状态，其中，"1"表示正常状态，"C"表示严重状态。不言而喻，具有严重退化状态的装备即将失效。受此启发，这 C 个健康状态中的某一个状态可视为备件订购的指示信号。为此，首先计算每个退化状态（由 $\overline{\mathrm{HSL}}$ 表示）的停留时间长度，如下所示：

$$\overline{\mathrm{HSL}}_j = \frac{1}{M}\sum_{i=1}^{M}\sum_{t=1}^{L_i}\delta(\mathrm{HS}_t = j), \quad j = 1, 2, \cdots, C \tag{8.8}$$

式中，$\delta(\cdot)$ 是一个"满足条件时为 1，不满足条件时为 0"的指示函数。

其次，考虑到备件订购决策必须满足 $Q + \Delta T + \eta$ 的时间约束，于是，计算了用于确定备件订购指示信号的指数 q，即：

$$q = \inf_{k=1,2,\cdots,C}\left\{k\ \bigg|\ \sum_{j=1}^{k}\overline{\mathrm{HSL}}_{C+1-j} > Q + \Delta T + \eta\right\} \tag{8.9}$$

最终，备件订购决策可通过以下方式做出：

$$\mathrm{Order} = \begin{cases} 1, & \widehat{\mathrm{HS}}_h = C - q + 1 \\ 0, & \text{其他} \end{cases} \tag{8.10}$$

式中，$\mathrm{Order} = 1$ 表示订购在当前检查时间完成，$\mathrm{Order} = 0$ 表示当前时刻无须下备件订购订单。

8.4.3 预测维护实施过程

基于多传感器监测的在役装备，图 8.4 描述了动态预测维护决策过程。具体地，可通过执行以下程序实现所提出的预测维护策略：

① 从 DAE-Bi-LSTM 集成模型中获取装备实时健康状态信息和剩余寿命预测值。

② 如果 $\widehat{\mathrm{HS}}_h = C - q + 1$，则下备件订购订单，并在 Q 时间后，收到订购的备件；否则，没有订单，并考虑下一个周期。

③ 如果 $\widehat{\mathrm{RUL}}_h \leqslant \Delta T + \eta$，则需要对装备实施预防性维护。在维护期间，如果没有可用的备件（也即 $S_h = 0$），那么必须支付缺货成本（C_{os}）。在此之后，当前生命周期结束，

相应的维护成本率能够表示为 MCR_p，见式（8.11）。另一方面，如果 $\widehat{\mathrm{RUL}}_h > \Delta T + \eta$，装备将继续工作到下一检查时刻。

$$\mathrm{MCR}_p = \frac{C_p + C_{os}\delta(S_h = 0)}{h\Delta T} \tag{8.11}$$

式中，S_h 表示与备件可用性相关的库存状态；C_p 是预防性维护成本。

④ 如果装备发生失效，应进行失效更换。与预防性维护一样，备件的可用性也将在修复性维护中考虑，并且式（8.12）给出了相应的成本率（以 MCR_c 表示）。当执行修复性维护后，意味着当前生命周期已经结束，并将开启新的生命周期。

$$\mathrm{MCR}_c = \frac{C_c + C_{os}\delta(S_h = 0)}{h\Delta T} \tag{8.12}$$

式中，C_c 表示修复性维护成本。

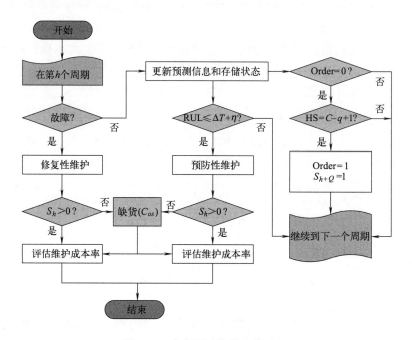

图 8.4　动态预测维护决策过程

8.5　实验验证

本节同样采用 NASA 提供的涡扇发动机公开退化数据集验证所提出的考虑备件管理约束的预测维护方法的有效性。为了实现维护策略的动态调度，考虑了包含运行至故障的 100 台发动机 FD001 数据集。该数据集的基本特征如图 8.5 所示。可以看出，数据集中每个发动机单元的数据长度都不相同，最大长度可达 362 个飞行循环，而最小长度只有 128 个飞行循环。出现这种退化过程差异的主要原因在于设备制造上的差异性以及不同发动机具备不同的初始健康状态。在实验中，将 100 台发动机的健康监测数据划分为两部分：第一部分为前 80 台发动机的监测数据，用于训练所提出的 DAE-Bi-LSTM 集成模型；第二部分为后 20 台发动机的监测数据，用于模拟发动机的在线运行情况。

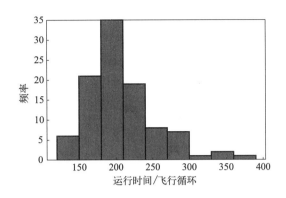

图 8.5　FD001 数据集中 100 台发动机运行时间的分布

8.5.1　预测精度讨论

为了评估模型预测性能，考虑了多种评价指标。具体地，均方根误差和评分函数用于评估剩余寿命预测模型的性能，而混淆矩阵和准确度用作健康状态评估模型的性能指标。均方根误差主要作用在于测量观测值和目标值之间的偏差，并由下式给出：

$$\mathrm{RMSE}^{\mathrm{RUL}} = \sqrt{\frac{1}{N}\sum_{i=1}^{N}(\widehat{\mathrm{RUL}}_i - \mathrm{RUL}_i)^2} \tag{8.13}$$

与均方根误差不同的是，评分函数考虑了剩余寿命预测结果的差异性。例如，对于高估的剩余寿命（即 $\widehat{\mathrm{RUL}}_i - \mathrm{RUL}_i \geqslant 0$）的惩罚高于低估的剩余寿命（即 $\widehat{\mathrm{RUL}}_i - \mathrm{RUL}_i < 0$）的惩罚。评分函数做出这样惩罚主要是因为意外停机的成本通常比过早维护的成本高很多[147]。相应地，此评分函数由下式给出：

$$\mathrm{Score}^{\mathrm{RUL}} = \begin{cases} \sum_{i=1}^{N} \mathrm{e}^{\frac{\mathrm{RUL}_i - \widehat{\mathrm{RUL}}_i}{13}} - 1, & \widehat{\mathrm{RUL}}_i - \mathrm{RUL}_i < 0 \\ \sum_{i=1}^{N} \mathrm{e}^{\frac{\widehat{\mathrm{RUL}}_i - \mathrm{RUL}_i}{10}} - 1, & \widehat{\mathrm{RUL}}_i - \mathrm{RUL}_i \geqslant 0 \end{cases} \tag{8.14}$$

对于真实标签（记为 TL）为 i（$i=1, 2, \cdots, C$）且预测标签（记为 PL）为 j（$j=1, 2, \cdots, C$）的观测值 s，分类精度的混淆矩阵元素可通过以下公式给出：

$$M_{ij}^{\mathrm{HS}} = \frac{\mathrm{Count}[(\mathrm{PL}_s = j) \bigcap (\mathrm{TL}_s = i)]}{\mathrm{Count}(\mathrm{TL}_s = i)} \tag{8.15}$$

式中，Count(·) 表示计数运算。

最后，准确度能够表示为：

$$\text{Accuracy}^{\text{HS}} = \frac{\sum_{i=1}^{C} \text{Count}[(\text{PL}_s = i) \bigcap (\text{TL}_s = i)]}{\sum_{i=1}^{C} \text{Count}(\text{TL}_s = i)} \qquad (8.16)$$

在训练退化预测模型之前，需要对装备的剩余寿命标签进行校正。这主要是因为装备运行初始阶段的退化并不明显，于是在此阶段构建传感器测量值和剩余寿命之间的映射不太合理。鉴于此，本节采用拐点为 130 个飞行循环的分段线性函数来修正剩余寿命标签[121]，如图 8.6 所示。

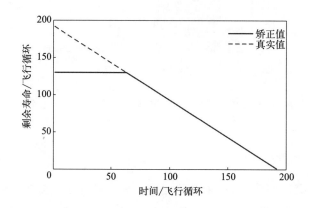

图 8.6　基于分段线性函数的剩余寿命标签修正

至于特征维度，可通过模型在交叉验证集上的预测性能来确定。从图 8.7 中可以看出，在特征维度数量为 12 之前，RMSE 值随着运行周期的增加而逐渐减小，然后逐渐增大。于是，当利用 DAE 将 21 维传感器数据压缩至 12 维特征时，模型具有最小的验证误差。换句话说，12 可被视为一个合适的特征维度数量。同样采用交叉验证的方式，可确定 Bi-LSTM 网络参数的基本配置。具体地，第一隐含层、第二隐含层和全连接层中的神经元节点数分别为 100、50 和 30，网络训练周期数为 32，最小批次为 200，随机失活率

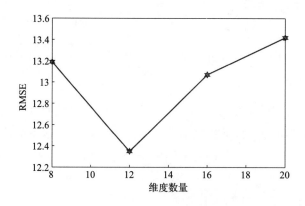

图 8.7　不同特征维度数量下的验证误差

为 0.2。然后，基于 8.3.1 节中的 DAE-Bi-LSTM 集成算法，分别建立了发动机剩余寿命预测模型和健康状态评估模型。

基于建立好的 DAE-Bi-LSTM 模型，图 8.8 描述了测试集中部分样本的剩余寿命预测结果。与此同时，表 8.1 定量列出了不同监测点（例如，剩余 50 个飞行循环、剩余 30 个飞行循环和剩余 10 个飞行循环）下，对发动机♯81～♯100 实施剩余寿命预测的性能评价结果。首先，从图 8.8 中可以看出，剩余寿命预测曲线能够很好地跟随真实剩余寿命曲线的变化，并且十分接近真实剩余寿命值，这表明所提出的 DAE-Bi-LSTM 集成模型已经成功地学习到了传感器测量和剩余寿命之间的映射关系。其次，从表 8.1 中可以看出，无论是在长期预测还是短期预测中，所提出的 DAE-Bi-LSTM 集成模型都优于其他几种剩余寿命预测模型：香草型 LSTM 模型[148]、双向握手 LSTM 模型[120]、深度森林分类与 LSTM 的集成模型（DFC-LSTM）[79]。此外，随着运行周期的增加，以均方根误差和评分函数刻画的 DAE-Bi-LSTM 集成模型的剩余寿命预测精度越来越高，这意味着所提出的方法能够处理不断增加的监测数据来减少预测不确定性。

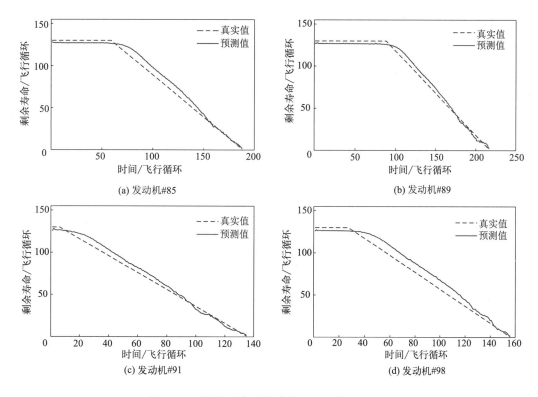

图 8.8 测试集中部分样本的剩余寿命预测结果

如前所述，可使用 FCM 算法形成训练集中的健康状态标签。依据文献 [5，79，88]，本节将聚类中心的数量设置为 4。换句话说，发动机的退化过程包括四个阶段：正常阶段、轻度退化阶段、中度退化阶段和重度退化阶段。为了可视化，图 8.9 描述了训练集中对发动机健康状态划分的结果。其中，清晰的健康状态由 FCM 算法的最大隶属度来确定。于是，基于 8.3.1 节提出的 DAE 和 Bi-LSTM 集成算法，可建立用于健康状态评估的 DAE-Bi-LSTM 模型。图 8.10 描述了测试集中部分样本的健康状态估计结果。从图中可以看出，估计的健康状态与真实标签非常匹配，而不匹配的数据点主要出现在不同健康状态的过渡阶段。出现这种现象可以解释为：过渡阶段的发动机退化特征非常相似，从而使得 DAE-Bi-LSTM 模型容易发生误判。

表 8.1　预测性能比较结果

预测模型	剩余 50 个飞行循环的监测点		剩余 30 个飞行循环的监测点		剩余 10 个飞行循环的监测点	
	RMSE	Score	RMSE	Score	RMSE	Score
香草型 LSTM 模型[148]	17.3206	103.6679	13.0279	55.3816	7.0394	20.2158
双向握手 LSTM 模型[120]	11.4360	41.8943	9.3360	30.2223	8.0416	24.5593
DFC-LSTM 集成模型[79]	8.4568	23.8341	6.8786	17.5812	9.3870	31.0506
本章提出的模型	5.7458	13.3291	3.8663	6.5271	1.4396	2.2024

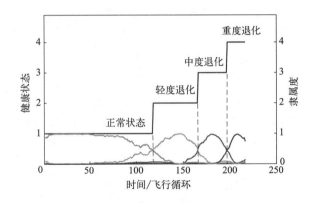

图 8.9　训练集中发动机的健康状态划分结果

图 8.11 描述了测试集中关于四种健康状态的混淆矩阵，同时给出了不同模型的准确度（accuracy）指标。从 LSTM、Bi-LSTM 和 DAE-Bi-LSTM 模型的三个混淆矩阵中可以看出，无论在哪个退化阶段，本章提出的 DAE-Bi-LSTM 模型都可以获得最高的分类精度。特别是对于健康状态标签 4（即重度退化阶段），DAE-Bi-LSTM 模型可达到 99.13% 的分类精度。事实上，这一时期的高分类精度对于飞机（整个系统）保持稳定和安全至关重要。根据给出的混淆矩阵，分别计算了 LSTM、Bi-LSTM 和 DAE-Bi-LSTM 这三个健康状态估计模型的分类准确度。具体地，对于 LSTM 模型可获得 95.77% 的分类准确度，对于 Bi-LSTM 模型可获得 96.44% 的分类准确度，而对于本章提出的 DAE-Bi-LSTM 模型可获得 97.02% 的分类准确度。显然，本章提出的 DAE-Bi-LSTM 集成模型优于单一的 LSTM 模型或 Bi-LSTM 模型。

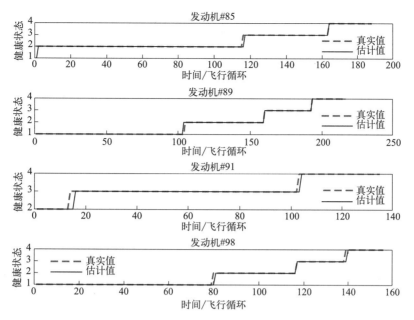

图 8.10   测试集中部分样本的健康状态估计结果

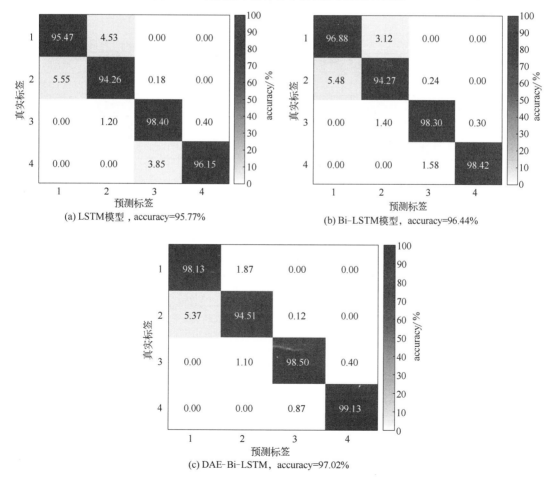

(a) LSTM模型 , accuracy=95.77%

(b) Bi-LSTM模型，accuracy=96.44%

(c) DAE-Bi-LSTM，accuracy=97.02%

图 8.11   测试集中四种健康状态的混淆矩阵

8.5.2　动态预测维护决策结果与分析

以上获得的剩余寿命和健康状态预测结果将作为接下来实施维护决策的依据。给定 $\Delta T = 10$ 和 $Q = 20$（Q 和 ΔT 单位均为飞行循环）[73]，表 8.2 说明了如何根据每个退化状态的停留时间来确定备件订购的指示信号。表中前两列分别表示发动机的健康状态和相应的平均驻留时间，而第三列表示备件订购的指示信号。从表中可以看出，正常状态和轻度退化状态下的平均驻留时间（即 50.13 和 77.50）大于中度退化状态和重度退化状态下的平均驻留时间（即 47.93 和 32.18）。这能够解释为：相对于中度退化和重度退化这两种状态，发动机在正常状态和轻度退化状态下运行对装备的损伤较小，没有加剧装备的退化速度。另一方面，对于正常状态下的平均驻留时间低于轻度退化状态下的平均驻留时间的情况，可能的原因是不确定的初始退化状态可能使得发动机直接跳过正常状态而以轻度退化状态开始运行。另外，考虑到严重退化的发动机状态，可以看出其平均驻留时间为32.18，该值大于提前期 $Q = 20$、检查间隔 $\Delta T = 10$、可靠性变量 $\eta = 1.61$ 之和。于是，根据式（8.9），得到的 q 指数为 1。继而，根据式（8.10），可确定备件订购的指示信号将是重度退化状态。

表 8.2　备件订单指示信号的确定

健康状态	平均驻留时间/飞行循环	备件订购的指示信号
正常状态（1）	50.13	✕
轻度退化（2）	77.50	✕
中度退化（3）	47.93	✕
严重退化（4）	32.18（$>Q + \Delta T + \eta$）	✓

为了说明所提出的动态预测性维护是如何工作的，表 8.3 示例性给出了三台测试发动机（♯91、♯92 和♯93）的一些后期决策。前两列分别列出了发动机的运行时间和真实剩余寿命值；接下来两列列出了每台发动机在每个检查时刻预测的剩余寿命值和健康状态值；其余列为表征订单、库存和维护状态的布尔变量。此外，T_f 表示发动机的真实失效时间（单位：飞行循环）。

表 8.3　三台测试发动机的动态预测维护决策结果

时间/飞行循环	真实剩余寿命/飞行循环	预测的剩余寿命/飞行循环	估计的健康状态	订单	库存	维护
发动机♯91（$T_f = 135$）						
90	45	48.86	3	0	0	0
100	35	32.46	3	0	0	0
110	25	24.41	4	1	0	0
120	15	12.32	4	1	0	0
130	5	6.24（$<\Delta T + \eta$）	4	1	1	1

时间/飞行循环	真实剩余寿命/飞行循环	预测的剩余寿命/飞行循环	估计的健康状态	订单	库存	维护
发动机♯92($T_f = 341$)						
300	41	33.72	3	0	0	0
310	31	23.45	4	1	0	0
320	21	16.33	4	1	0	0
330	11	10.29($<\Delta T+\delta$)	4	1	1	1
340	1	—	—	—	—	—
发动机♯93($T_f = 155$)						
110	45	52.11	3	0	0	0
120	35	38.15	3	0	0	0
130	25	26.76	4	1	0	0
140	15	14.78	4	1	0	0
150	5	7.47($<\Delta T+\eta$)	4	1	1	1

考虑真实失效时间 $T_f = 135$ 的发动机♯91。从表 8.3 中可以观察到在 $t = 100$ 时，订单、库存和维护变量的值均等于零，这意味着在第 10 个决策期之前，最佳决策是什么也不做（既不进行维护，也不实施订购）。为了可视化，将发动机♯91 的维护和库存决策过程描述在图 8.12 中。从图 8.12（a）中可以看出，在 $t = 100$ 时发动机仍然在正常运行，于是将传感器测量值输入到 DAE-Bi-LSTM 集成模型中以更新预测信息（剩余寿命和健康状态）。由于此检查周期内估计的健康状态等于 3（即中度退化状态），而不是重度退化状态，因此在此决策期内不订购备件。同时，由于预测的剩余寿命大于预设值 $\Delta T + \eta$，于是，所提出的策略建议在决策期内也不进行维护。接下来，在 $t = 110$ 时 ［见图 8.12（b）］，集成模型给出 $\widehat{RUL} = 24.41$ 和 $\widehat{HS} = 4$。根据此预测信息，提出的策略意味着最优决策是不执行任何维护活动但需要下备件订单。在交付周期 $Q = 20$ 之后，将订购的备件交付。类似地，在 $t = 120$ 时 ［见图 8.12（c）］，最佳决策是什么也不做（既没有维护也没有下订单）。最后，在 $t = 130$ 时 ［见图 8.12（d）］，订购的备件已交付，预测的剩余寿命低于预设值 $\Delta T + \eta$（即 11.61）。此时，最佳决策是使用可用备件进行预防性维护。

关于发动机♯92，当其估计的健康状态值低于 4 时，所提出的维护策略认为无须订购备件。然后，当到达第 310 个飞行循环时，由于不可忽视的警告类别 $\widehat{HS} = 4$，所提出的维护策略建议从此时刻开始订购备件。相应地，订单变量变为 1，然后备件在两个周期后交付。当到达第 330 个飞行循环时，预测的剩余寿命为 10.29 个飞行循环。由于该预测结果低于预防性维护阈值 $\Delta T + \eta = 11.61$（飞行循环），于是在此决策期，需要采取预防性维护措施以避免发动机失效。

对于发动机♯93，从表 8.3 中可以看到其决策结果与发动机♯91 的决策结果十分相似。这主要是因为两台发动机从投入使用到寿命截止的使用寿命分别为 135 个飞行循环和

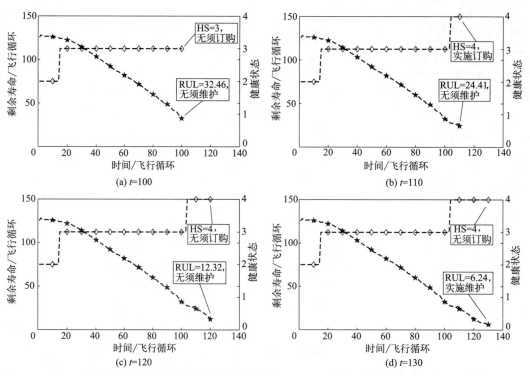

图 8.12　发动机♯91 不同检查时刻的维护和库存决策

155 个飞行循环，两者之间相差不大。

　　就如 8.4.1 节中所述，η 被视为一个可靠性变量，以降低过高估计剩余寿命而导致意外停机的风险。为了说明所提出的预防性维护阈值 $\Delta T + \eta$ 的有效性，以预防性维护阈值为 ΔT 的常规案例进行比较分析。更具体地，在常规案例中，当预测的剩余寿命低于或等于 ΔT 时，将采取维护措施。表 8.4 列出了测试发动机♯85 在两个预防性维护阈值下的维护决策。从表中可以看出，在 $t = 180$ 时发动机仍然可以正常运行，于是将传感器数据输入到 DAE-Bi-LSTM 集成模型中以更新剩余寿命预测信息，获得 $\widehat{RUL} = 10.17$。对于常规案例，由于预测的剩余寿命值 10.17 大于固定检查间隔 $\Delta T = 10$，于是此周期内将不考虑实施维护的决策。接下来，在下一个决策期（即 $t = 190$），发动机运行失效，此时将不得不实施修复性维护。显然，预防性维护阈值 $\Delta T = 10$ 的维护策略有时并不可靠。相比之下，对于本章的预防性维护阈值 $\Delta T + \eta$，由于预测的剩余寿命值 10.17 低于预防性维护阈值 $\Delta T + \eta = 11.61$，于是在第 180 个飞行循环时实施预防性维护。显然，本章提出的预防性维护阈值更可靠，可以弥补常规案例下的不足。

表 8.4　不同预防性维护阈值下测试发动机♯ 85 的维护决策

运行周期/飞行循环	真实的剩余寿命/飞行循环	预测的剩余寿命/飞行循环	维护信号
情形 A：Maintenance$= 1, \widehat{RUL}_h \leqslant \Delta T$			
150	38	42.53	0
160	28	27.20	0

运行周期/飞行循环	真实的剩余寿命/飞行循环	预测的剩余寿命/飞行循环	维护信号
情形 A：Maintenance$=1,\widehat{RUL}_h\leqslant\Delta T$			
170	18	18.64	0
180	8	10.17（$>\Delta T$）	0
190	失效	失效	1(修复性维护)
情形 B：Maintenance$=1,\widehat{RUL}_h\leqslant\Delta T+\eta$			
150	38	42.53	0
160	28	27.20	0
170	18	18.64	0
180	8	10.17（$<\Delta T+\eta$）	1（预防性维护）
190	—	—	

8.6　本章小结

本章提出了一种考虑备件管理约束的预测维护方法。首先，提出了 DAE 和 Bi-LSTM 的集成模型以准确估计装备健康状态和剩余寿命。其次，基于获得的装备健康预测信息，设计了包含备件管理活动在内的两条维护决策规则。第一条规则预设一个可靠剩余寿命阈值，以动态判断在当前检查时刻是否进行维护；第二条规则预设某一健康状态，以动态确定在当前检查时刻是否进行备件订购。基于以上的设计方式，本章所提出的方法实现了库存决策和维护决策的集成统一。最后，使用 NASA 提供的航空发动机公开数据集验证了本章方法的可行性和有效性。

第**9**章 基于失效时刻概率密度预测的预测维护方法

9.1 概述

传统预测法能产生准确的预测数据，而未来无疑是不确定的，当某种工具或解决方案无法按照预期提供准确的数据时，其效益也就无法实现。概率预测能准确刻画预测过程中的不确定性，为装备运行决策提供全面的预测信息[149]。为此，本章提出了一种基于失效时刻概率密度预测的预测维护方法：

首先，构建深度自编码器（DAE）、长短时记忆（LSTM）、分位数回归（quantile regression，QR）和核密度估计（kernel density estimation，KDE）的集成模型，实现装备的失效时刻概率密度预测。

然后，基于预测的失效时刻概率密度，提出更换成本函数和订购成本函数，支持维护决策和库存决策。

最后，最小化更换成本函数和订购成本函数，确定装备最佳的预测性维护时刻和备件订购时刻。

基于以上的实现方式，本章所提出的方法能够有效刻画装备的预测不确定性，并做出优化的维护决策。

9.2 主要思想

如前所述，DAE 和 LSTM 的融合可以形成一个有效的预测模型。然而，如何有效地量化预测中的不确定性，并及时做出明智的维修决策是一个亟待解决的问题。KDE 是一种用于在概率论中估计未知密度函数的非参数检验方法之一[150]。因此，本章引入 KDE 技术以实现装备的失效时刻概率密度预测。KDE 技术的实施依赖于一定的样本数量，于是，应用 QR 技术[151] 获取装备在不同分位数下的剩余寿命预测值。相应地，形成了

DAE-LSTMQR-KDE 体系结构，如图 9.1 所示。输入是原始的状态监测数据，并通过 DAE、LSTM、QR 和 KDE 进行处理，获得失效时刻的概率密度。可以看出，本章所提出的方法是一种端到端的预测方法，不需要具有人类经验的信号处理专业知识。其次，为了在预测和维修决策之间架起桥梁，提出更换成本函数和订购成本函数，通过最小化两个成本函数获得最佳的预测性维护时间和备件订购时间。

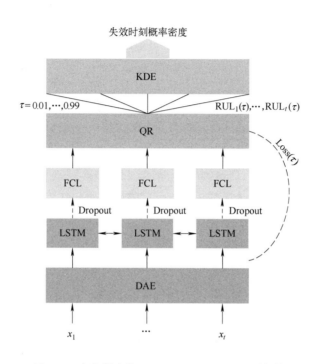

图 9.1　本章提出的 DAE-LSTMQR-KDE 预测架构

9.3　失效时刻概率密度预测

9.3.1　基于深度学习分位数回归的剩余寿命预测

当 DAE-LSTMQR-KDE 架构设置好后，下一步就是训练模型参数。DAE 参数可通过最小化原始输入和重构输入之间的最小均方根误差确定[152]，即：

$$\{W_e^{*(q)}, W_d^{*(q)}, b_e^{*(q)}, b_d^{*(q)}\}_{q=1}^Q = \mathrm{argmin}\, \frac{1}{2m}\sum_{i=1}^m \|\widetilde{\boldsymbol{x}}_i - \boldsymbol{x}_i\|_2^2 \tag{9.1}$$

式中，$W_e^{(q)}$ 和 $b_e^{(q)}$ 分别表示编码层的权值和偏置参数；$W_d^{(q)}$ 和 $b_d^{(q)}$ 分别表示解码层的权值和偏置参数；上角标 $*$ 表示最优值；Q 表示 DAE 编码/解码层数；m 表示训练样本的数量。

对于 LSTMQR 模型参数，分位数 τ_i（$i=1, 2\cdots, n$）下的损失函数为[153]：

$$\text{Loss}(\tau_i) = \min_{W(\tau_i), b(\tau_i)} \left\{ \sum_{t, y_t \geqslant \hat{y}_t} \tau_i (y_t - \hat{y}_t) + \sum_{t, y_t < \hat{y}_t} (1 - \tau_i)(\hat{y}_t - y_t) + \lambda_1 \sum W^2(\tau_i) \right\}$$

$$(9.2)$$

式中，$W(\tau_i)$ 由 LSTM 单元中的权值参数 $W_r(\tau_i)$、$W_i(\tau_i)$、$W_c(\tau_i)$ 和 $W_o(\tau_i)$ 和全连接层中的权值参数 $W_s(\tau_i)$ 组成；$b(\tau_i)$ 由 LSTM 单元中的偏置参数 $b_r(\tau_i)$、$b_i(\tau_i)$、$b_c(\tau_i)$、$b_o(\tau_i)$ 和全连接层中的偏置参数 $b_s(\tau_i)$ 组成；λ_1 是指正则化项的惩罚参数。

为了获得 LSTMQR 模型的最优参数值 $\{W^*(\tau_i), b^*(\tau_i)\}$，定义如下两个梯度：

$$\delta_{h_t}(\tau_i) = \frac{\partial \text{Loss}(\tau_i)}{\partial \hat{y}_{t,i}} \frac{\partial \hat{y}_{t,i}}{\partial h_{t,i}} = \begin{cases} W_{s,i}^{\mathrm{T}} \tau_i, & y_t \geqslant \hat{y}_{t,i} \\ W_{s,i}^{\mathrm{T}} \tau_i (1 - \tau_i), & y_t < \hat{y}_{t,i} \end{cases}$$

$$(9.3)$$

$$\delta_{C_t}(\tau_i) = \frac{\partial \text{Loss}(\tau_i)}{\partial C_{t+1,i}} \frac{\partial C_{t+1,i}}{\partial C_{t,i}} + \frac{\partial \text{Loss}(\tau_i)}{\partial h_{t,i}} \frac{\partial h_{t,i}}{\partial C_{t,i}}$$

$$(9.4)$$

$$= \delta_{C_{t+1}}(\tau_i) \odot r_{t+1,i} + \delta_{h_t}(\tau_i) \odot o_{t,i} \odot (1 - \tanh^2 C_{t,i})$$

式中，h 表示 LSTM 隐含层状态；C 表示存储状态；r 表示遗忘门操作结果；o 表示输出门操作结果；$\odot$ 表示逐点乘法。

从隐藏层到输出层的参数梯度为：

$$\delta_{W_s}(\tau_i) = \sum_{y_t \geqslant \hat{y}_{t,i}} \tau_i + \sum_{y_t < \hat{y}_{t,i}} (1 - \tau_i)(h_{t,i})^T + 2\lambda_1 W_s(\tau_i)$$

$$(9.5)$$

$$\delta_{b_s}(\tau_i) = \sum_{y_t \geqslant \hat{y}_{t,i}} \tau_i + \sum_{y_t < \hat{y}_{t,i}} (1 - \tau_i)$$

$$(9.6)$$

同样地，可计算 LSTM 单元中遗忘门、输入门、候选存储单元和输出门等分量的梯度。然后，通过以下方式更新权重和偏置：

$$W(\tau_i) \leftarrow W(\tau_i) + \eta \delta_W(\tau_i)$$

$$(9.7)$$

$$b(\tau_i) \leftarrow b(\tau_i) + \eta \delta_b(\tau_i)$$

$$(9.8)$$

式中，η 是学习率。直观地，图 9.2 描述了 LSTMQR 模型的训练过程。

在装备健康预测应用中，给定的输入 x_t 通常指传感器信号，而输出 $\hat{y}_t$ 表示装备剩余寿命值。对于获得的模型参数集 $\theta^*(\tau_i) = \{W_e^{*(q)}, W_d^{*(q)}, b_e^{*(q)}, b_d^{*(q)}\}_{q=1}^{Q} \bigcup \{W^*(\tau_i), b^*(\tau_i)\}$，$\tau_i (i=1, 2\cdots, n)$ 分位数下的预测剩余寿命为：

$$\hat{Q}_y(\tau_i) = f_{\text{DAE-LSTMQR}}(x_t | \theta^*(\tau_i))$$

$$(9.9)$$

式中，$f_{\text{DAE-LSTMQR}}(x_t | \theta^*(\tau_i))$ 是指带有参数集 $\theta^*(\tau_i)$ 的 DAE-LSTMQR 模型的映射函数。

9.3.2 基于核密度估计的失效时刻分布计算

对于当前时刻 t，分位数 $\tau_i (i=1, 2\cdots, n)$ 下预测的装备失效时刻可表示为当前时刻 t 与剩余寿命预测值 $\hat{Q}_y(\tau_i)$ 之和，即：

$$z_i = t + \hat{Q}_y(\tau_i)$$

$$(9.10)$$

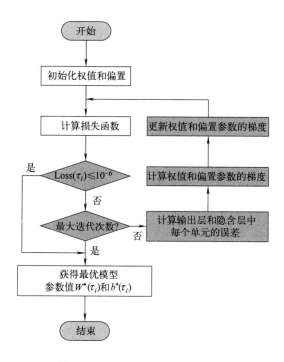

图 9.2　LSTMQR 模型的训练过程

一旦获得 n 个分位数的 n 个预测值 $(z_1, z_2, \cdots, z_n)$，那么可使用 KDE 来计算失效时刻的概率密度。依据文献［154］，失效时刻的概率密度由下式给出：

$$\hat{g}(z) = \frac{1}{nw} \sum_{i=1}^{n} \frac{1}{\sqrt{2\pi}} \exp\left(-\frac{(z-z_i)^2}{2w^2}\right) \tag{9.11}$$

式中，w 表示窗口的宽度，通常可由经验法则[155] 确定，即：

$$w = \left(\frac{\int \left[\frac{1}{\sqrt{2\pi}}\exp\left(-\frac{1}{2}z^2\right)\right]^2 \mathrm{d}z}{\hat{\sigma}^4 \int [\hat{g}''(z)]^2 \mathrm{d}z}\right)^{\frac{1}{5}} n^{-\frac{1}{5}} \approx 1.06\hat{\sigma} n^{-\frac{1}{5}} \tag{9.12}$$

式中，$\hat{\sigma}$ 是标准偏差，由下式给出：

$$\hat{\sigma} = \sqrt{\frac{1}{n-1}\sum_{i=1}^{n}\left(z_i - \frac{1}{n}\sum_{i=1}^{n}z_i\right)} \tag{9.13}$$

9.4　基于预测信息的维护和库存策略

9.4.1　维护策略

根据计算出的失效时刻概率密度，制定维护和库存策略，以最大限度地降低装备长期运行和维护成本。在本节中，利用备件修复性更换或预防性地更换故障部件实现维护活动[156]。更换部件后，装备将恢复到一个全新的状态。备件应在装备部件更换之前订购，即：

$$t_o + L \leqslant t_r$$

式中，L 表示交付周期，本节中假定恒定不变；t_o 表示备件订购时刻；t_r 表示装备部件更换时刻。根据第 k 次监测时获得的故障预测信息，需要决定何时订购备件以及何时更换故障部件。

维护策略旨在找到最佳的计划维护时间 t_r^*，以最大限度地减少预期的预防性维护成本和故障后维护成本。假设计划的预防性更换成本和故障更换成本分别为 c_p 和 c_f。第 k 次监测时的装备预期预防性更换成本等于预防性更换成本 c_p 和装备生存概率 $1 - \hat{G}^k(t_r)$ 的乘积，而预期故障更换成本则等于故障更换成本 c_f 和装备故障概率 $\hat{G}^k(t_r)$ 的乘积。于是，由预期预防性更换成本和故障更换成本组成的每个周期的预期更换成本可表示为：

$$S_1^k(t_r) = c_p[1 - \hat{G}^k(t_r)] + c_f \hat{G}^k(t_r) \tag{9.14}$$

式中，$S_1^k(t_r)$ 表示每个周期的预期更换成本；$\hat{G}^k(t) = \int_{-\infty}^{t} \hat{g}(z)\mathrm{d}z$。预期的周期长度 $T_1^k(t_r)$ 可表示为：

$$
\begin{aligned}
T_1^k(t_r) &= \int_0^{t_r^k} t \hat{g}^k(t)\mathrm{d}t + \int_{t_r^k}^{+\infty} t_r^k \hat{g}^k(t)\mathrm{d}t \\
&= \int_0^{t_r^k} t \mathrm{d}\hat{G}^k(t) + t_r^k - t_r^k \hat{G}^k(t_r^k) \\
&= t_r^k \hat{G}^k(t_r^k) - \int_0^{t_r^k} \hat{G}^k(t)\mathrm{d}t + t_r^k - t_r^k \hat{G}^k(t_r^k) \\
&= \int_0^{t_r^k} [1 - \hat{G}^k(t)]\mathrm{d}t
\end{aligned}
\tag{9.15}
$$

于是，更换成本函数 CR_r 可表示为 $S_1^k(t_r)/T_1^k(t_r)$。基于更换成本函数，可获得如下最佳的计划更换时间：

$$
\begin{aligned}
t_r^* &= \mathrm{argmin}\,\mathrm{CR}_r = \mathrm{argmin}\,\frac{S_1^k(t_r)}{T_1^k(t_r)} \\
&= \mathrm{argmin}\,\frac{c_p[1 - \hat{G}^k(t_r)] + c_f \hat{G}^k(t_r)}{\int_0^{t_r^k} [1 - \hat{G}^k(t)]\mathrm{d}t}
\end{aligned}
\tag{9.16}
$$

9.4.2 库存策略

库存策略目标是将备件存储成本和缺货成本降至最低。在评估最佳计划更换时间 t_r^* 后，可确定最佳备件订购时间 t_o^*。每个周期的预期缺货成本 $S_2^k(t_o)$ 可表示为：

$$
\begin{aligned}
S_2^k(t_o) &= k_s \left[\int_0^{t_o^k} L \hat{g}^k(t)\mathrm{d}t + \int_{t_o}^{t_o^k+L} (t_0 + L - t)\hat{g}^k(t)\mathrm{d}t \right] \\
&= k_s \int_{t_o^k}^{t_o^k+L} \hat{G}^k(t)\mathrm{d}t
\end{aligned}
\tag{9.17}
$$

式中，k_s 表示每单位时间的缺货成本。每个周期的备件预期存储成本 $S_3^k(t_o)$ 可表示为：

$$S_3^k(t_o) = k_h \left\{ \int_{t_o^k+L}^{t_r^k} (t - t_o^k - L)\hat{g}^k(t)\mathrm{d}t + (t_r^k - t_o^k - L)[1 - \hat{G}^k(t_r)] \right\}$$

$$= k_h \int_{t_o^k+L}^{t_r^k} [1 - \hat{G}^k(t)]\mathrm{d}t$$

(9.18)

式中，k_h 表示每单位时间的存储成本。预期周期长度 $T_2^k(t_o)$ 可表示为：

$$T_2^k(t_o) = \int_0^{t_o^k} (t + L)\hat{g}^k(t)\mathrm{d}t + \int_{t_o^k}^{t_o^k+L} (t_o^k + L)\hat{g}^k(t)\mathrm{d}t + \int_{t_o^k+L}^{t_r^k} t\hat{g}^k(t)\mathrm{d}t + \int_{t_r^k}^{+\infty} t_r^k \hat{g}^k(t)\mathrm{d}t$$

$$= \int_0^{t_r^k} [1 - \hat{G}^k(t)]\mathrm{d}t + \int_{t_o^k}^{t_o^k+L} \hat{G}^k(t)\mathrm{d}t$$

(9.19)

可以看出，$T_2^k(t_o) \neq T_1^k(t_r)$，这主要是因为缺货导致周期延长。于是，订购成本函数 CR_o 可由 $[S_2^k(t_o) + S_3^k(t_o)] / T_2^k(t_o)$ 导出。通过最小化订购成本函数，将获得最佳的计划订购时间 t_o^*，即：

$$t_o^* = \mathrm{argmin}\mathrm{CR}_o = \mathrm{argmin} \frac{S_2^k(t_o) + S_3^k(t_o)}{T_2^k(t_o)}$$

$$= \mathrm{argmin} \frac{k_s \int_{t_o^k}^{t_o^k+L} \hat{G}^k(t)\mathrm{d}t + k_h \int_{t_o^k+L}^{t_r^k} [1 - \hat{G}^k(t)]\mathrm{d}t}{\int_0^{t_r^k} [1 - \hat{G}(t)]\mathrm{d}t + \int_{t_o^k}^{t_o^k+L} \hat{G}^k(t)\mathrm{d}t}$$

(9.20)

9.5 实验验证

本节同样采用 NASA 提供的涡扇发动机公开退化数据集验证所提出的基于失效时刻概率密度预测的预测维护方法的有效性。在实验中，"train_FD001.txt"提供的 100 组由运行起始到故障结束的完整时间序列用于训练 Bi-LSTM 网络；"test_FD001.txt"和"RUL_FD001.txt"包含的 100 台测试发动机状态监测数据和真实剩余寿命数据用于验证所提出方法的性能。

9.5.1 DAE-LSTMQR 模型的参数配置

实验中，利用 MATLAB 深度学习工具箱构建 DAE-LSTMQR 模型，并通过交叉验证方法确定配置参数。DAE-LSTMQR 模型中涉及的参数有特征维度、训练周期、隐含层单元、批次尺寸、随机失活率和优化器。在交叉验证实验中，设置 8、12、16 和 20 四个 DAE 候选特征维度数量。关于 LSTMQR 网络，50、150、250 和 350 用于训练周期和隐含层单元的候选尺寸，10、20、30 和 40 用于批次的候选尺寸。随机失活率通常取值在0 到 1 范围内，因此测试尺寸设置为 0.2、0.4、0.6 和 0.8。对于优化器，三种常见的算法候选，即 SGDM、RMSprop 和 Adam[157]。使用上述各个候选值，依次构建 DAE-LST-MQR 模型。图 9.3 描述了不同参数的配置结果。当在交叉验证集上获得最佳性能（最低误差）时，将保留相应的配置参数，见表 9.1。

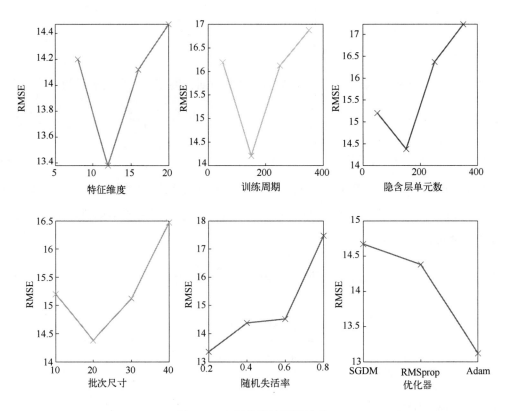

图 9.3 不同参数的配置结果

表 9.1 DAE-LSTMQR 型号参数配置

配置参数	具体选择
特征维度	12
训练周期	150
隐含层单元数	150
批次尺寸	20
随机失活率	0.2
优化器	Adam

9.5.2 失效时刻概率密度预测结果

使用表 9.1 中的参数配置，训练 DAE-LSTMQR 模型。图 9.4 描述了 DAE-LST-MQR 模型在测试集上部分样本的剩余寿命预测结果。在该图中，不同分位数的剩余寿命预测值形成预测区间。可以观察到，实际的剩余寿命值几乎完全被形成的预测区间包围，并且随着发动机（♯64、♯81 和 ♯90）服务时间的增加，剩余寿命预测区间变得越来越窄。在实践中，狭窄的预测区间意味着预测过程中的不确定性较低，这有利于管理者更有信心地做出决策。

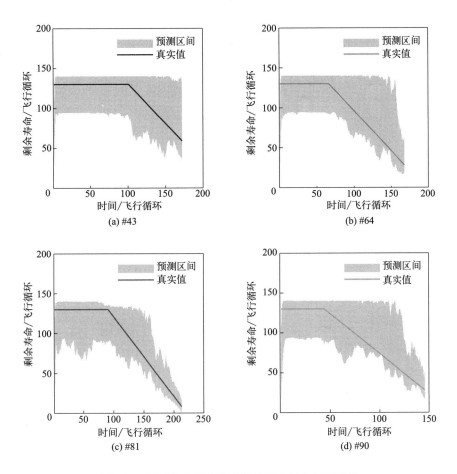

图 9.4 测试集上部分发动机的剩余寿命预测结果

下一步是将剩余寿命预测转换为失效时刻概率密度预测。从图 9.4 中可以看出，测试发动机♯43 的当前监测时刻为第 172 个飞行循环；测试发动机♯64 的当前监测时刻为第 168 个飞行循环；测试发动机♯81 的当前监测时刻为第 213 个飞行循环；测试发动机♯90 的当前监测时刻为第 146 个飞行循环。因此，将监测时刻与剩余寿命预测值相加可获得失效时刻预测值。然后，利用 KDE 技术可计算出失效时刻的概率密度。图 9.5 描述了四台测试发动机（♯43、♯64、♯81 和♯90）的失效时刻概率密度计算结果。根据 "RUL_FD001" 数据集，了解到：测试发动机♯43 的失效时刻是第 231 个飞行循环；测试发动机♯64 的失效时刻是第 196 个循环；测试发动机♯81 的失效时刻是第 221 个飞行循环；测试发动机♯90 的失效时刻是第 174 个飞行循环。可见，四台测试发动机的真实失效时刻几乎位于概率密度曲线的正中间，这意味着所提出的 DAE-LSTMQR 和 KDE 的集成模型运行良好。

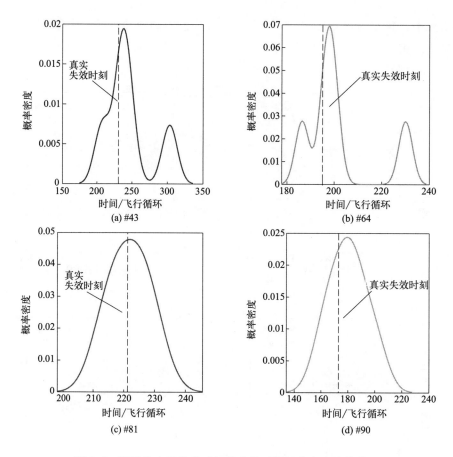

图 9.5　测试集上部分发动机的失效时刻概率密度计算结果

9.5.3　维护和库存决策结果

现在，计算出的失效时刻概率密度可用来推导更换成本函数和订购成本函数，并可通过最小化这两个函数来确定最佳计划更换时刻和备件订购时刻。作为描述，相关成本❶被指定为：$c_p = 100$、$c_f = 300$、$k_s = 60$、$k_h = 1$ 和 $L = 20$。图 9.6 描述了测试发动机 ♯43 的最佳更换时刻和备件订购时刻。从图 9.6（a）中可以观察到，在第 192 个飞行循环之前，更换成本随着计划更换时刻的增加而降低，而在第 192 个飞行循环之后，表现相反。因此，第 192 个飞行循环被认为是最佳的计划更换时刻。根据 "RUL_FD001" 数据集，已知测试发动机 ♯43 的失效时刻为第 231 个飞行循环，这表明计划的更换将是一项预防性维护活动，可以避免发动机故障后更换的昂贵成本。从图 9.6（b）可以观察到，当订购时刻安排在第 172 个飞行循环时，可以获得最低的预期订购成本。然后，备件将在 20 个飞行循环后交付。由于备件的交付时刻刚好等于计划的更换时刻，预防性维护活动将顺利实施，而无须支付缺货成本。

---

❶　本章涉及的 "成本" 数值是为了验证算法而设定的模拟值，无单位。

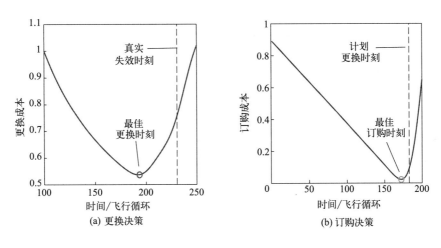

图 9.6　测试发动机♯43 的最佳更换时刻和备件订购时刻

　　类似地，测试发动机♯64、♯81 和♯90 的最佳计划更换时刻和备件订购时刻可通过优化其相应的更换成本函数和订购成本函数来获得，如图 9.7～图 9.9 所示。首先，测试

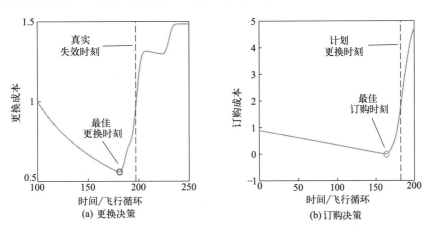

图 9.7　测试发动机♯64 的最佳更换时刻和备件订购时刻

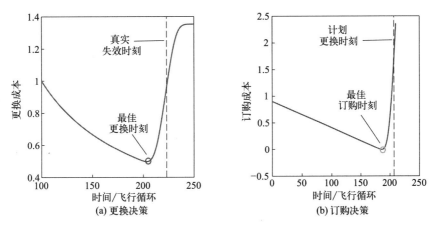

图 9.8　测试发动机♯81 的最佳更换时刻和备件订购时刻

发动机♯81 的计划更换时刻在真正的发动机失效时刻之前，因此实施的更换是预防性维护。另一方面，备件的计划交付时刻在计划更换时刻之后，因此在维护过程中会出现备件短缺。因此，决策执行后的结果是需要支付缺货费用的预防性维护。此外，测试发动机♯64 和♯90 的决策执行后的结果与测试发动机♯43 的相同。上述结果表明，本章所提出的维护优化方法可通过明确考虑预测中的不确定性，使管理者能够做出明智和适当的决策。

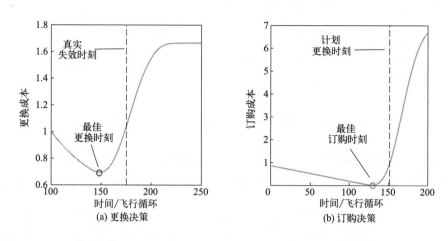

图 9.9　测试发动机♯90 的最佳更换时刻和备件订购时刻

9.6　本章小结

本章提出了一种基于失效时刻概率密度预测的预测维护方法。在预测方面，引入 DAE 从原始数据中提取深层代表性特征，而 LSTM 用于学习时间相关性信息。通过将 DAE 和 LSTM 相结合，形成了剩余寿命预测模型。然后，应用 QR 技术预测不同分位数下的装备剩余寿命，并通过 KDE 技术获得装备失效时刻的概率密度。在预后方面，基于获得的装备失效时刻的概率密度，使用更换成本函数和订购成本函数来确定装备更换时刻和备件订购时刻。本章所提出的更换成本函数和订购成本函数能够整合维护和库存决策，有助于降低维护成本。最后，使用 NASA 提供的航空发动机公开数据集验证了本章方法的可行性和有效性。

第**10**章 面向非定期不可靠检查的预测维护方法

10.1 概述

随着现代工业的发展，装备变得更加可靠。一般来说，很难准确估计高可靠性装备的可靠性和寿命，基于模型和基于数据驱动的方法通常用于检查和预测组件和系统的故障，特别是基于伽马过程的模型，由于其独立的、非负的、严格递增的特性而备受关注。对于退化装备来说，可以通过实施维护以控制和延长装备的剩余寿命（RUL）。由前述可知，替换性维护会导致高生产损失和维护成本，因此预防性维护（preventive maintenance，PM）策略通常是首选[158-160]。当监控装备状况时，可以考虑视情维护（CBM），它根据观察到的装备状况动态地做出维护装备的决策[161]。

成本效率是维护决策的重要标准。通常，相关研究会寻求最佳维护策略，以最低成本满足维护要求。收集到的信息可以进一步支持这项工作，最直观的信息是装备状态，它有助于确定装备是否需要维护或更换。连续状态监控允许收集大量信息来指导维护决策，但其涉及较高的运行成本，因此，定期检查通常用于 CBM。在文献［162］中，基于从定期检查中获得的装备信息，针对具有三种退化状态的单组件系统，提出了一种具有延迟时间模型的最优维护决策；文献［163］提出了一种基于条件的定期检查选择性维护策略，用于多组分退化系统，在此过程中，维护操作被认为是不完善的。

维护决策和效果也会受到外部因素，例如工作环境和装备的运行等的显著影响，一些工作考虑了在工作环境造成外部冲击的情况下寻找最佳维护策略的问题[164]。虽然很多研究涉及的维护过程考虑了不可靠因素引起的随机不确定性，但很少有一个泛化的模型表示形式。通常，维护优化工作的重点是基于非定期检查策略定义最佳维护决策过程，关于不可靠检查对维护决策的影响的研究还没有得到太多关注，尤其是对于基于非定期检查的维护策略，这不仅会影响是否维护或更换装备，还会影响两次检查之间的时间间隔，从而造成资源的浪费。

10.2　主要思想

智能运维是健康管理环节的最终执行决策机制，其根据装备的健康状态信息决定是否对装备进行相应的维护操作，而随着监控技术的发展，CBM 越来越受到重视。此外，如果可以通过较少的检查获得维护的状态信息，则可以降低整个维护过程的成本。然而，在应用中，监控设备并不能始终保持完美的运行状态。例如，由于传感器误差、元件公差、环境干扰等各种不确定因素，传感器的检查往往不可靠。受这些简单观察的启发，本章提出了在不可靠检查下的非定期基于状态的维护策略，通过梯度下降更新组件退化过程的未知参数，同时调整维护决策变量，最后，基于灾变策略的粒子群优化，通过最小化长期成本率来设置最优决策变量。

本章首先考虑激光器的健康管理，应用伽马过程的未知参数的退化，基于梯度下降（gradient descent，GD）技术，可以更新未知参数，半再生过程用于建立不可靠检查影响下的维修模型，并基于重新推导的伽马过程的寿命分布获得非定期检查计划。许多高可靠性、长寿命装备的退化是严格单调的，例如由于磨损导致的退化、腐蚀导致的退化、疲劳导致的退化等，具有非负、严格单调特性的伽马过程可以很好地描述此类退化过程。考虑一个由伽马过程描述的单部件退化装备，装备在时间 t 的状态由一个可观察的随机变量 $X(t) \sim Ga(\alpha \Lambda(t), \beta)$ 描述，退化装备的一些假设如下：

① 初始退化状态 X_0 假定为 0；

② 如果装备的状态达到或超过由装备特性及其功能确定的预先指定的阈值 L_f，则装备将失效；

③ 故障无法自我检查得到，只能通过装备来检查；

④ 检查受测量装备的影响并且检查过程是瞬时的。

由于连续监测退化在实际应用中通常是不切实际的，因此需要进行定期或非定期检查以便观察装备状态，退化过程和检查行为之间的关系如图 10.1 所示。

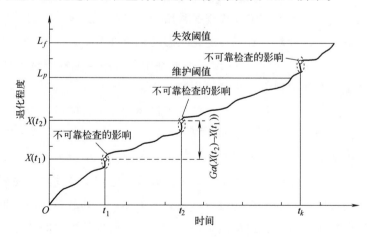

图 10.1　退化过程和相应检查行为

在故障发生前对退化装备进行预防性维护，以避免发生故障。假设维护操作可以使装备"像新的一样好"，这对于某些类型的装备是现实的（例如，对可靠功能相关性有非常严格要求的关键装备）[16]。

10.3 维护策略的框架：描述和分析

一般而言，维护策略优化相当于根据某些选定标准（可靠性、成本、安全性等）规划预防或纠正措施以实现最佳预期结果，长期维护成本率在这里用于建立最优维护策略模型。

10.3.1 维护描述

此处制定了非定期检查的维护策略，以便能够根据每次检查时观察到的装备状况采取所需的措施，令 $\{t_k \mid k \in \mathbf{N}\}$ 表示非周期性检查时间的序列，假设维护操作的时间可以忽略不计，一些维护场景如图 10.2 所示，这里考虑到故障只能通过装备来检查。

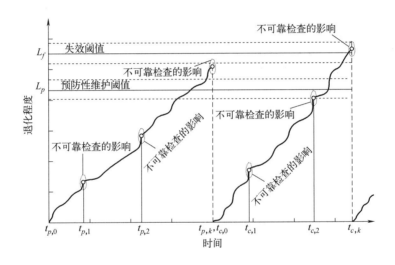

图 10.2　维护操作场景

当时间 t_k 的装备状态超过预防阈值 L_p 但低于 L_f 时，采取 PM 操作，$L_p < L_f$，从图 10.2 可以推断，如果检查是可靠的，则 PM 动作应该在时间 $t_{p,k}$ 以概率 1 执行。如果装备在检查时的状况超过故障阈值 L_f，则应执行替换性维护（corrective maintenance，CM）操作。类似地，在图 10.2 中，如果在时间 $t_{c,k}$ 的检查是可靠的，则以概率 1 考虑 CM 动作。如果在检查时间的装备状态低于 L_p，则认为装备仍在运行，无须进行维护操作。

可靠的检查可以为指导维护操作提供准确的信息，然而，在实际应用中，由于测量设备的故障，检查可能不可靠。为了描述不可靠检查的影响，本节采用了由正态分布控制的随机冲击，在此基础上，还考虑了随机预防阈值和失效阈值，而不是固定阈值。

根据上述框架，维护动作取决于检查时的装备状况。通常，检查规划是根据规划函数来实现的，规划函数由当前装备状态决定，据此可以实现非周期计划。该检查计划的主要思想是根据不同的退化率设计检查规划函数，以便选择下一个检查时间，然后，两个广泛使用的检查规划函数被定义为[165]：

$$m_{1p}(x) = \begin{cases} \dfrac{(x-p_1)^2}{p_1^2}(p_2-1)+1 & 0 \leqslant x \leqslant p_1 \\ 1 & x > p_1 \end{cases} \quad (10.1)$$

和

$$m_{2p}(x) = \begin{cases} p_2 - \left(\dfrac{\sqrt{p_2-1}}{p_1}x\right)^2 & 0 \leqslant x \leqslant p_1 \\ 1 & x > p_1 \end{cases} \quad (10.2)$$

式中，$p_1 > 0$，是表示装备状态的变量；$p_2 > 1$，是表示下一个检查区间的变量；x 表示装备当前的退化状态。

式（10.1）中的检查规划函数通常用于具有早期退化率的装备，式（10.2）适用于早期退化速度较慢的装备。这些函数的曲线（在标准化最小检查周期后获得），如图 10.3 所示。

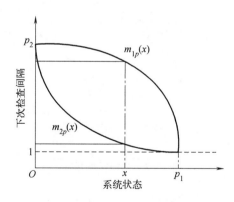

图 10.3　检查规划函数

那么下一次检查时间可以表示如下：

$$t_{k+1}^b = t_k^b + m_{1(2)p}(X(t_k)) \quad (10.3)$$

综上所述，需要优化的决策变量有 L_p、p_1 和 p_2。图 10.2 中预防阈值和失效阈值附近的虚线表示随机阈值的 3σ 边界，由于执行维护操作的时间可以忽略不计，因此更新周期的结束时间也是新周期的开始时间，即 $t_{p,k} = t_{c,0}$。

10.3.2　退化过程建模

伽马过程描述的退化 $X(t)$ 具有独立的平稳增量，即变量 $X(t_k+s)-X(t_k)$ 对于每个 $k(k=1,2,\cdots,N)$ 和相应的分布仅取决于时间间隔 s。然后，$X(t)$ 的概率密度函数（PDF）可以表示为：

$$f(x\,|\,\alpha\Lambda(t),\beta)=\frac{\beta^{-\alpha\Lambda(t)}}{\Gamma(\alpha\Lambda(t))}x^{\alpha\Lambda(t)-1}\exp\left(-\frac{x}{\beta}\right) \tag{10.4}$$

式中，$\Gamma(s)=\int_0^{+\infty}y^{s-1}\exp(-y)\mathrm{d}y$ 是一个完全伽马函数；$\Lambda(t)=t^b$，是一个非负递增函数，$\Lambda(0)=0$；$\alpha>0$，表示形状参数；$\beta>0$，表示比例参数。

给定一个预定义的失效阈值 $L_f>0$，寿命 T 可以定义为退化过程 $X(t)$ 根据 FHT 首次超过水平 L_f 的时间，即：

$$T=\inf\{t\,|\,t\geqslant0,X(t)=L_f\} \tag{10.5}$$

假设退化路径 $X(t)$ 由 $Ga(\alpha\Lambda(t),\beta)$ 控制，基于伽马过程的单调递增退化路径，FHT CDF 可表示为：

$$F(t)=P(T\leqslant t)=P(X(t)\geqslant L_f)=\int_{L_f}^{+\infty}f_{X(t)}(x)\mathrm{d}x$$
$$=1-\frac{1}{\Gamma(\alpha\Lambda(t))}\int_0^{L_f\beta}y^{\alpha\Lambda(t)-1}\exp(-y)\mathrm{d}y \tag{10.6}$$

然后，获得 FHT 的 PDF 为：

$$f(t)=\frac{\alpha}{\Gamma(\alpha\Lambda(t))}\int_0^{L_f\beta}\left[\frac{\Gamma'(\alpha\Lambda(t))}{\Gamma(\alpha\Lambda(t))}-\ln y\right]y^{\alpha\Lambda(t)-1}\exp(-y)\mathrm{d}y \tag{10.7}$$

值得注意的是，式（10.6）和式（10.7）是在可靠检查的假设下获得的。

10.3.3　维护成本函数

维护和检查操作都需要支出：假设每次检查产生成本 C_i，每个 PM 产生成本 C_p，每个 CM 产生成本 C_c，其中 $C_p<C_c$；此外，由于装备故障只能通过检查来确定，因此两次连续检查之间发生的故障不能立即解决，并且在整个停机时间内收取额外的费用 C_d。

维护策略的结果可以基于无限范围内的长期成本率来计算，其中长期成本率为：

$$C_\infty=\lim_{t\to\infty}\frac{C(t)}{t} \tag{10.8}$$

根据前面介绍的检查和维护措施的费用，有

$$C(t)=C_iN_i(t)+C_pN_p(t)+C_cN_c(t)+C_dD(t) \tag{10.9}$$

式中，$N_i(t)$、$N_p(t)$ 和 $N_c(t)$ 分别是时间间隔 $[0,t]$ 内的检查次数、PM 行动

次数和 CM 行动次数；$D(t)$ 是从检查时观察到的故障时间到 t 的累计停机时间。维护策略优化的目的是通过搜索决策变量 L_p、p_1 和 p_2 的最佳值，使长期成本率最小化。

如上所述，PM 和 CM 都可以使装备恢复到"与新的一样好"的状态，因此，退化过程 $X(t)$ 是一个再生过程，每次维护操作都会重新启动一个更新周期。根据更新理论，长期成本率［式（10.8）］可以转换为期望值：

$$C_\infty = \frac{E[C(S)]}{E[S]} = \frac{C_i E[N_i(S)] + C_p E[N_p(S)] + C_c E[N_c(S)] + C_d E[D(S)]}{E[S]}$$

（10.10）

式中，S 表示更新周期的长度；$E[C(S)]$ 表示更新周期的预期总成本；$E[N_i(S)]$、$E[N_p(S)]$、$E[N_c(S)]$ 和 $E[D(S)]$ 分别表示预期的检查次数、预期的预防性维护措施次数、预期的替换性维护次数以及更新周期的预期累计停机时间。

10.4　维护状态演化与维护周期计算

在非定期不可靠检查的情况下，很难计算更新周期的期望值，因此，采用半再生法近似计算长期成本率。

10.4.1　基于半再生过程的长期成本率计算

对于基于非周期检查的退化装备，如果装备状态在时间 T 检查，则装备的下一个状态演变仅取决于时间 T 的状态 X_T。例如在图 10.2 中，检查时间 $t_{p,2}$ 之后的装备状态演变仅取决于状态 $X(t_{p,2})$，让 $\{Y_k \mid Y_k = Xt_k, t \in \mathbf{N}\}$ 描述在 t_k 时刻的装备状态；$\boldsymbol{\Omega} \subseteq \mathbf{N} = \{0, 1, 2, \cdots\}$，为装备状态空间。

根据文献［166］，基于非周期性检查的伽马退化过程 $X(t)$ 是一个半再生过程，嵌入链 $\{Y_k \mid k \in \mathbf{N}\}$ 的转移 PDF 可以写成 PDF 和狄拉克质量函数的组合，即：

$$P(\mathrm{d}y \mid x) = \overline{F}_{m_p(x)}(L_p - x)\delta_0(\mathrm{d}y) + \overline{f}_{m_p(x)}(y - x)I_{\{x \leqslant y \leqslant L_p\}}\mathrm{d}y \quad (10.11)$$

式中，$\overline{F}_{m_p(x)}(L_p - x)$ 是当阈值为 $L_p - x$ 时退化过程的累积分布；$\overline{f}_{m_p(x)}(y - x)$ 是状态为 $y - x$ 的退化过程的 PDF。

函数 $P(\mathrm{d}y \mid x)$ 描述了从状态 x 到状态 y 的转移概率。质量部分表示装备在经过检查后，可以以非零概率恢复到新状态（$y = 0$）。密度部分描述了当初始状态 x 低于水平 L_f 时，下一次检查时状态 y 低于水平 L_f 的概率。

因为 $Y(0) = 0$ 是马尔可夫链 $\{Y_k \mid k \in \mathbf{N}\}$ 的 Harris 循环状态，所以存在 $\{Y_k \mid k \in \mathbf{N}\}$ 的唯一平稳概率分布 π：

$$\pi(\cdot) = \int_0^{L_f} P(\cdot \mid x)\pi(\mathrm{d}x) \quad (10.12)$$

式（10.12）的解是：

$$\pi(\mathrm{d}x) = a\delta_0(\mathrm{d}x) + (1-a)b(x)\mathrm{d}x \qquad (10.13)$$

将式（10.11）和式（10.13）代入式（10.12），可以得到：

$$a = a\overline{F}_{m_p(0)}(L_f) + (1-a)\int_0^{L_f} b(x)\overline{F}_{m_p(x)}(L_f - x)\mathrm{d}x \qquad (10.14)$$

并且对于 $0 \leqslant y < L_f$，有：

$$b(y) = \frac{a}{1-a}\overline{f}_{m_p(0)}(y) + \int_0^y b(x)\overline{f}_{m_p(x)}(y - x)\mathrm{d}x \qquad (10.15)$$

令 $B(y) = \dfrac{1-a}{a}b(y)$，式（10.15）可以重写为：

$$B(y) = \overline{f}_{m_p(0)}(y) + \int_0^y B(x)\overline{f}_{m_p(x)}(y - x)\mathrm{d}x$$

由于 $\int_0^{L_f} b(y)\mathrm{d}y = 1$，可以得到：

$$a = \frac{1}{1 + \displaystyle\int_0^{L_f} B(x)\mathrm{d}x} \qquad (10.16)$$

由于退化过程 $\{X(t)\,|\,t > 0\}$ 是一个半再生过程，嵌入马尔可夫链 $\{Y_k \mid k \in \mathbf{N}\}$ 存在平稳分布 π，长期成本率可以改写为：

$$C_\infty = \frac{E[C(S_1)]}{E[S_1]} = \lim_{t \to \infty} E\left[\frac{C(t)}{t}\right] = \frac{E_\pi[C(t_1)]}{E_\pi[t_1]} = C \qquad (10.17)$$

式中，t_1 是第一次检查时间。根据半再生过程的特点，可以将更新周期的维护成本转化为半再生周期内的成本，从而可以有效地简化长期成本率的计算。然后，可以得到以下等式：

$$C = \frac{C_i E_\pi[N_i(t_1)] + C_p E_\pi[N_p(t_1)] + C_c E_\pi[N_c(t_1)] + C_d E_\pi[D(t_1)]}{E_\pi[t_1]}$$

$$(10.18)$$

由于第一次检查用于计算长期成本率，显然 $E_\pi[N_i(t_1)] = 1$，式（10.17）中的其他期望公式如下：

$$E_\pi[N_p(t_1)] = P_\pi(L_p \leqslant X(t_1) < L_f) = \int_0^{L_p}[\overline{F}_{m_p(x)}(L_p - x) - \overline{F}_{m_p(x)}(L_f - x)]\pi(\mathrm{d}x)$$

$$(10.19)$$

$$E_\pi[N_c(t_1)] = P_\pi(X(t_1) \geqslant L_f) = \int_0^{L_p}\overline{F}_{m_p(x)}(L_f - x)\pi(\mathrm{d}x) \qquad (10.20)$$

$$E_\pi[D(t_1)] = \int_0^{L_p}\left[\int_0^{m_p(x)}\overline{F}_s(L_f - x)\mathrm{d}s\right]\pi(\mathrm{d}x) \qquad (10.21)$$

$$E_\pi[t_1] = \int_0^{L_p} m_p(x)\pi(\mathrm{d}x) \qquad (10.22)$$

10.4.2　半再生过程中不可靠检查的影响

由式（10.11）可以看出半再生过程 $X(t)$ 的 FHT 的 CDF 和 PDF 显著影响转移概

率，以及 CDF 和 PDF 依赖于 $X(t)$。如果检查不可靠，则当前状态的测量可以表示为：

$$Z(t) = X(t) + \sum_{i=0}^{N_i(t_1)} H_i \qquad (10.23)$$

式中，$N_i(t_1)$ 是检查次数；H_i 表示第 i 次不可靠检查引起的退化水平。另外，令

$$\zeta(t) = \sum_{i=0}^{N_i(t_1)} H_i \qquad (10.24)$$

表示整体检查引起的退化水平。

通常，由测量设备引起的不可靠检查被认为是正态分布的外部冲击，即 $\zeta(t) \sim N(\mu_{t_1}, \sigma_{t_1}^2)$，其中 $\mu_{t_1} = N_i(t_1)\mu_i$，$\sigma_{t_1}^2 = [N_i(t_1)]^2 \sigma_i^2$。不可靠的检查不仅影响退化过程，而且影响 FHT 的 CDF，根据可靠检查下 $X(t)$ 的 PDF，式（10.11）中的 $\overline{f}_{m_p(z)}$ $(y-z|\zeta')$ 可以表示为：

$$f_{m_p(z)}(y-z|\zeta') = \frac{\beta^{-am_p(z)}}{\Gamma(am_p(z))}(y-z+\zeta')^{am_p(z)-1}\exp\left(-\frac{y-z+\zeta'}{\beta}\right) \quad (10.25)$$

式中，$\zeta' = \zeta_z - \zeta_y$，$\zeta' \sim N(0, 2[N_i(t_1)]^2 \sigma_i^2)$。那么，密度函数 $\overline{f}_{m_p(z)}(y-z)$ 可以写成：

$$f_{m_p(z)}(y-z) = \int_{-\infty}^{+\infty} f_{m_p(z)}(y-z|\zeta')f(\zeta')\mathrm{d}\zeta' \qquad (10.26)$$

关于 $\overline{F}_{m_p(x)}(L_p - x)$ 和 $\overline{F}_{m_p(x)}(L_f - x)$，式（10.19）～式（10.21）描述了可靠检查下的 CDF，结合不可靠检查的影响，$\overline{F}_{m_p(z)}(L_f - z)$ 可以表示为：

$$\overline{F}_{m_p(z)}(L_f - z) = \int_{-\infty}^{+\infty} \overline{F}_{m_p(z)|\zeta}(L_f - z - \zeta)f(\zeta)\mathrm{d}\zeta = E_\zeta[\overline{F}_{m_p(z)|\zeta}(L_f - z - \zeta)]$$

$$(10.27)$$

式中，$f(\zeta)$ 是 ζ 的 PDF；$E_\zeta[\cdot]$ 是关于 ζ 的期望算子。显然，FHT 是一个伽马退化过程，根据 Birnbaum-Saunders（BS）分布，可求得 $F_{m_p(z)}(L_f - z)$ 的近似表达式为：

$$F_{m_p(z)}(L_f - z) = \Phi\left(\frac{1}{m}\left(\sqrt{\frac{m_p(z)}{n}} - \sqrt{\frac{n}{m_p(z)}}\right)\right) \qquad (10.28)$$

式中，$\Phi(\cdot)$ 表示标准正态 CDF；$m = \sqrt{\beta/[L_f - z - \zeta(t)]}$ 且 $n = [L_f - z - \zeta(t)]/(\alpha\beta)$。由于 $\zeta(t) \sim N(\mu_{t_1}, \sigma_{t_1}^2)$，根据文献［167］，可以得到：

$$F_{m_p(z)}(L_f - z) = E_\zeta\left[\Phi\left(\frac{1}{m}\left(\sqrt{\frac{m_p(z)}{n}} - \sqrt{\frac{n}{m_p(z)}}\right)\right)\right]$$

$$= \Phi\left(\frac{\beta\sqrt{am_p(z)}[\beta am_p(z) - L_f + z + \mu_{t_1}]}{\sqrt{\beta^2 am_p(z) + \sigma_{t_1}^2}}\right) \qquad (10.29)$$

根据式（10.26）和式（10.28），式（10.19）～式（10.22）中预防性维护操作数可以被计算出来，CDF 的 $\overline{F}_{m_p(z)}(L_p-z)$ 可以通过将阈值 L_f-z 替换为 L_p-z 来得到。

10.5 维护优化和参数更新

上述装备演化的概率描述是针对不可靠检查下的非定期维护策略开发的，提出的维护策略如图 10.4 所示。维护策略的目标是实现决策变量的最优，即给出最小的长期成本率。

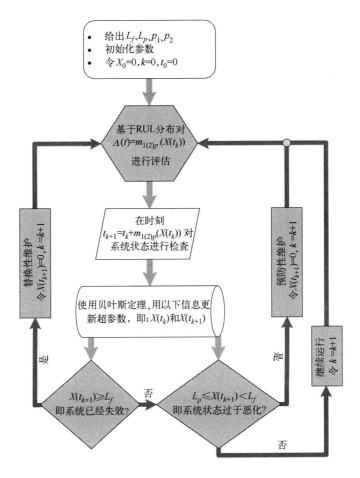

图 10.4　本章所提维护策略示意图

10.5.1 决策变量的确定

根据维护模型，需要确定三个决策变量，即 L_p、p_1 和 p_2，由于长期成本率的表达式复杂，理论上很难得到最优解的解析表达式，这里使用粒子群优化（particle swarm optimization，PSO）的智能算法来搜索（L_p，p_1，p_2）的最优值。为了提高搜索的准确性，在基本 PSO 算法中添加了灾变策略，基于灾变策略的 PSO 算法的相应伪代码可以在算法 10-1 中看到。

算法 10-1	基于灾变策略的 PSO 算法伪代码

Require: 检查费用 C_i;PM 操作费用 C_p;CM 操作费用 C_c;停机时间费用 C_d;系统参数 $\theta=\{\alpha,\beta,b\}$;不可靠检查参数 μ、σ;失效阈值 L_f

Ensure: PM 阈值 L_p;检查规划函数参数 p_1、p_2

初始化: 迭代次数 iter_{max};学习率 c_1、c_2;惯性权重 ω

```
for i=1 到 n 粒子 do
    随机生成 U_i={L_p,p_1,p_2};随机生成 V_i;
end for
for iter=1 到 iter_max do
    for i=1 到 n 粒子 do
        将式(10.19)～式(10.22)代入式(10.18);
        计算适应度函数[式(10.18)];
        演化 U_i;
    end for
    for i=1 到 n 粒子 do
        更新(p_{best_i},g_{best});
    end for
    for i=1 到 n 粒子 do
        在[0,1]内随机生成 r_1,r_2;
        V_i=V_iω+c_1r_1(p_{best_i}-U_i)+c_2r_2(g_{best}-U_i);
        U_i=U_i+V_i;
        if 任给 U_i=g_{best} then
            随机生成 U_i;
        end if
    end for
end for
```

10.5.2 退化参数更新

对于伽马退化过程,首先需要根据历史退化数据估计三个参数 α、β 和 b,那么,似然函数为:

$$L(\theta \mid x_{jk},\tau_{jk}) = \prod_{k=1}^{N}\prod_{j=1}^{n_k}\frac{\beta^{-\alpha\tau_{jk}}}{\Gamma(\alpha\tau_{jk})}x_{jk}^{\alpha\tau_{jk}-1}\exp\left(-\frac{x_{jk}}{\beta}\right) \tag{10.30}$$

式中,$\theta=\{\alpha,\beta,b\}$;$x_{jk}$ 表示单元 j 的第 k 个退化值;$\tau_{jk}=\Lambda(t_{j(k+s)})-\Lambda(t_{jk})$。然后通过最大似然估计(maximum likelihood estimation,MLE)可以很容易地获得未知参数,也可以根据估计的 θ 来获得决策变量。由于装备继续运行,因此需要在检查时收集装备状态数据来更新参数。

假设 $X = \{X(t_0), X(t_1), \cdots, X(t_k), X(t_{k+1})\}$ 是来自连续检查的"在线"退化数据，考虑最后的决策变量和不可靠检查的影响，似然函数可以计算为：

$$L(\theta \mid y_k, z_k, m_p(z_k)) = \prod_{k=1}^{N} \int_{-\infty}^{+\infty} f_{m_p(z_k)}(y_k - z_k \mid \zeta') f(\zeta') d\zeta' \qquad (10.31)$$

由于对数似然函数的复杂性，极大似然估计无法直接估计模型中的未知参数，因此，使用梯度下降（GD）算法来估计未知参数，GD 的关键方程如下所示：

$$\theta^{next} = \theta^{now} - \iota \Delta L(\theta^{now}) \qquad (10.32)$$

式中，θ^{next} 和 θ^{now} 分别代表下一次和当前迭代中的参数值；ι 表示学习率；$\Delta L(\theta^{now})$ 表示 $L(\theta \mid y_k, z_k, m_p(z_k))$ 在 θ^{now} 的导数。在给定的迭代之后，可以获得更新的参数，使用这些参数，也可以获得决策变量；然后，基于新的检查，可以更新所提出模型的参数和决策变量；最后，提出了一种算法（算法 10-2）来显示非周期性不可靠检查下维护策略的整个过程。

算法 10-2　非定期不可靠检查下的维护策略

for：	维护策略公式化
输入：	检查费用 C_i；PM 操作费用 C_p；CM 操作费用 C_c；停机时间费用 C_d；系统参数 $\theta = \{\alpha, \beta, b\}$；不可靠检查参数 μ、σ；失效阈值 L_f
输出：	PM 阈值 L_p；检查规划函数参数 p_1、p_2
1.	通过长期成本率建立目标函数，如式(10.8)；
2.	用更新理论换算长期成本率，如式(10.10)；
3.	通过半再生过程简化长期成本率[如式(10.18)]，式(10.18)中的子函数可以通过式(10.19)～式(10.22)计算；
4.	获得如式(10.6)中在不可靠检查下的 FHT 的 CDF；
5.	将步骤 4 中的 CDF 代入式(10.19)～式(10.20)，然后将式(10.19)～式(10.20)代入式(10.18)；
6.	运行算法 10-1 获得维护决策变量 L_p、p_1、p_2
	end for
	for 参数更新 do
输入：	维护决策变量 L_p、p_1、p_2；"在线"数据 $X_{0,t_{k+1}} = \{X(t_0), X(t_1), \cdots, X(t_k), X(t_{k+1})\}$
输出：	更新的系统参数 $\theta = \{\alpha, \beta, b\}$
1.	建立似然函数，如式(10.31)；
2.	通过式(10.32)中的 GD 方法估计参数 α、β、b；
3.	用更新参数获得新的维护决策变量（转到第一个"for"）
end for	

10.6　实验验证

激光器件广泛应用于大型综合系统，如工业机械加工系统、航空航天导向系统等。在某些激光器件的使用寿命内，退化会导致光输出下降。随着激光器的退化，增加工作电流可以使一些激光器保持几乎恒定的光输出，但是，如果工作电流过高并超过固定阈值，则激光设备可能会发生故障。在本节中，激光数据用于说明所提出方法的有效性，图 10.5 显示了 15 个样本的 GaAs 激光数据，工作电流随时间增加。

激光数据样本的测量时间间隔为 250h，实验在 4000h 结束。假设激光装备发生伽马退化过程，根据历史数据，未知参数 α、β 和 b 的初始估计分别为 0.0899、0.0592、0.9504，不可靠检查下的装备服从均值 $\mu_i = 0.15$ 和标准差 $\sigma_i = 0.01$ 的正态分布，所有样本的失效阈值设置为 $L_f = 6$，退化过程的时间尺度变换是非线性的（从估计值 $b \neq 1$ 可以看出），因此，时间增量满足式（10.3）。

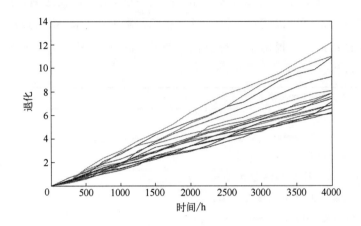

图 10.5　激光退化数据随时间的变化

10.6.1　完美检查下的维护策略分析

假设执行 CBM 策略的成本如下：每次检查 $C_i = 1000$（元），每个 PM 操作 $C_p = 10000$（元），每个 CM 操作 $C_c = 20000$（元），$C_d = 40000$（元）为累计停机时间所对应花费的金额。为了比较，选择最小长期成本率作为标准来说明在可靠和不可靠检查下维护策略的性能。图 10.6 显示了在检查规划函数 $m_{1p}(x)$ 和 $m_{2p}(x)$ 下，长期成本率与基于灾变策略的 PSO 算法的收敛性。

从图 10.6 可以看出，不同检查规划函数下的长期成本率收敛到最小值，$m_{1p}(x)$ 下的成本率比 $m_{2p}(x)$ 下的成本率（收敛通常使用约 10 次迭代）具有更慢的收敛速度（收敛通常使用大约 100 次迭代）。具有两种不同预防性维护阈值 L_p 的长期成本率的演化结果如图 10.7 所示。

从图 10.7（a）和（c）可以看出，当预防性维护阈值 L_p 保持在较低水平（$L_p = 0.3$）时，最小长期成本率分别为 0.1547 和 0.1551。但是，如果 L_p 的值增加，则长期成本率会降低。从图 10.7（b）和（d）中可以看出，$L_p = 3.6$ 时的最小长期成本率都是 0.0294，当 p_1 值达到一定水平时，即使 p_1 继续增加，也不再影响长期成本率，这是由装备的"限制效应"引起的。回到式（10.1）和式（10.2），退化状态 x 随着 p_1 的增加

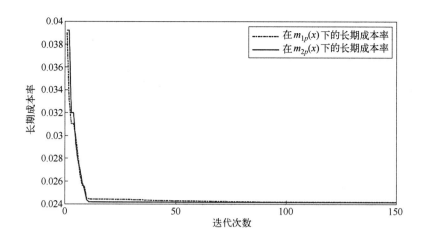

图 10.6　不同检查规划函数下迭代的长期成本率演化

而减少，直到 p_1 达到最大值，同时，装备状态已达到其预防性维护阈值/失效阈值；当装备退化状态超过这些阈值时，装备将被维护/更换，并在下一次检查时将状态恢复到初始状态。

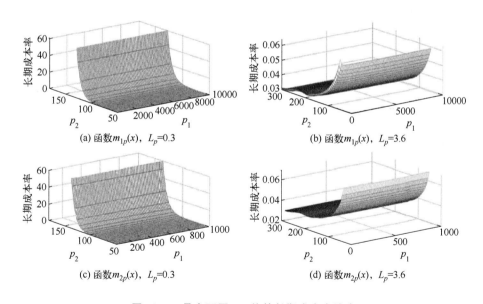

图 10.7　具有不同 L_p 值的长期成本率演变

对于两组 p_1 和 p_2，图 10.8（a）和（b）分别显示了在完美检查 $m_{1p}(x)$ 和 $m_{2p}(x)$ 下，不同预防性维护阈值 L_p 对应的长期成本率的演变。

从图 10.8 可以看出，p_1 和 p_2 的不同值导致不同的最小长期成本率。然后，通过基于灾变策略的 PSO 算法搜索 p_1 和 p_2 的最优值，表 10.1 列出了在完美检查下基于不同检查规划函数的最优结果。

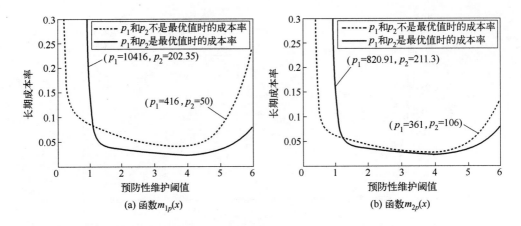

图 10.8　具有不同预防性维护阈值 L_p 的长期成本率演变

表 10.1　可靠检查规划函数下的最优结果

函数	长期成本率	L_p	p_1	p_2
$m_{1p}(x)$	0.0242	4.0105	10416	202.3534
$m_{2p}(x)$	0.0242	4.0119	820.9605	211.3020

直观地说，不同检查规划函数中的 p_1 和 p_2 具有不同的最优值，但具有相同的最低长期成本率、预防性维护阈值 L_p，这验证了检查规划函数适合维护策略。

10.6.2　不可靠检查下的维护策略分析

在本小节中，维护策略的性能是在不可靠的检查下呈现的。图 10.9 提供了长期成本率随迭代次数的演变。

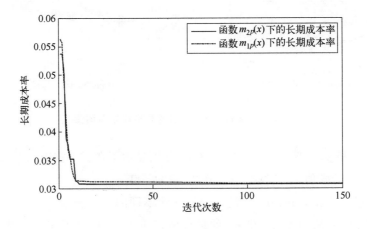

图 10.9　不可靠检查下的长期成本率演化

显然，$m_{1p}(x)$ 下的长期成本率比 $m_{2p}(x)$ 下的长期成本率更慢地收敛到最小值。在 $m_{2p}(x)$ 和 $m_{1p}(x)$ 下，长期成本率分别在大约 15 和 115 次迭代时达到最小值。收敛速度不同的一个可能原因是检查规划函数的类型不同：$m_{1p}(x)$ 是凹函数，$m_{2p}(x)$ 是凸函数。

给定 p_1 和 p_2 的不同值，具有不同 L_p 值的长期成本率的演变如图 10.10 所示。

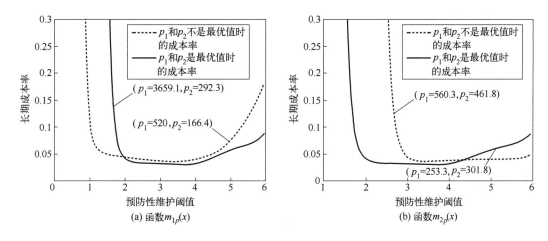

图 10.10　具有不同 L_p 值的长期成本率演变

与图 10.8 类似，决策变量 p_1 和 p_2 对维护策略有显著影响，因为不同的 p_1 和 p_2 值给出了不同的最小长期成本率。基于灾变策略的 PSO 算法，得到了在不可靠检查下的检查规划函数的最优值，如表 10.2 所示。

表 10.2　不可靠检查下的最优结果

函数	长期成本率	L_p	p_1	p_2
$m_{1p}(x)$	0.0308	3.6752	3659.1	292.3023
$m_{2p}(x)$	0.0308	3.6707	253.253	301.8025

从表 10.2 可以看出，长期成本率在两个函数下具有相同的值，同时，L_p 也具有几乎相同的值；虽然这两个函数下 p_1 和 p_2 的值不同，但这不会影响函数在维护策略中的实用性。

比较表 10.1、表 10.2 中不可靠检查下的结果与可靠检查下的结果，不可靠检查下的长期成本率高于可靠检查下的长期成本率（0.0308＞0.0242），这一结果与不可靠的检查会增加装备维护成本的应用逻辑非常一致。此外，不可靠检查下的预防性维护阈值低于可靠检查下的预防性维护阈值（3.6752＜4.0105，3.6707＜4.0119）。

退化参数由 GD 使用更新周期数据和历史数据更新，然后使用更新的参数来优化决策变量，更新后的参数为 $\alpha=0.0315$、$\beta=0.0711$ 和 $b=0.9924$。然后，考虑到不可靠的检查，不同检查规划函数下维护策略的最优决策变量列于表 10.3。

表 10.3　不可靠检查下具有更新参数的最优决策变量

函数	长期成本率	L_p	p_1	p_2
$m_{1p}(x)$	0.0139	3.5616	1558.2	878.828
$m_{2p}(x)$	0.0386	3.5	50.0336	40.3137

表 10.3 显示，在不可靠检查下，基于更新参数的长期成本率具有最低值（0.0139），这表明更新后的参数可以显著降低维护成本。此外，基于更新参数的检查规划函数会影响维护策略，而在考虑未更新参数时，这些函数对策略的影响较小，m_{1p} 下的长期成本率低于 m_{2p} 下的长期成本率。可以得出结论：不可靠的检查会影响维护阈值/失效阈值，因为不可靠的检查会给装备带来外部冲击。这表明，正如预期的那样，需要更多的维护资金来应对不可靠的检查，参数更新可以为特定的维护操作带来好处；此外，需要仔细选择检查规划函数，以便为适当的维护策略建模。

10.6.3　与定期可靠检查下的维护策略比较

为了说明所提出的维护策略在非定期不可靠检查下的效果，对一般策略与定期可靠检查进行了比较研究[168-171]。用于比较的一般装备是关于可靠检查的连续运行装备，但可以定期进行检查。维护策略的目标是确定检查间隔 $m(X(t))$ 和预防性维护阈值 L_p，以最小化长期成本率 $C(m(X(t)), L_p)$，成本参数和退化参数与前面所示的相同。图 10.11 中绘制了最佳长期成本率和最佳预防性维护阈值随检查间隔的变化。

一般装备的最优维护策略是在检查间隔等于 5h 时，预防性维护阈值为 4.0691，最小长期成本率等于 0.0337。与本章提出的维护策略的结果相比，一般策略中的长期成本率高于非定期不可靠检查和非定期可靠检查下的策略所获得的长期成本率，这意味着本章所提出的维护策略具有较小的最佳预防性维护阈值和相关的长期成本率。

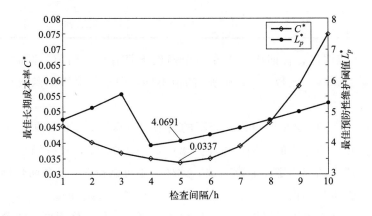

图 10.11　一般策略的最佳长期成本率和最佳预防性维护阈值

10.7　本章小结

　　本章考虑不可靠检查对装备的影响，提出了在不可靠检查下的非定期视情维护策略。首先，建立了相应退化轨迹的伽马模型，而非定期检查的时间间隔是通过检查规划获得的；然后，通过梯度下降更新组件退化过程的未知参数，同时调整维护决策变量，基于灾变策略的粒子群优化算法通过最小化长期成本率来设置最优决策变量；最后，将此维护策略应用于激光退化数据进行验证。

[1] 王自力，孙宇锋，等. 可靠性维修性保障性要求论证 [M]. 北京：国防工业出版社，2011.

[2] 康锐. 可靠性维修性保障性工程基础 [M]. 北京：国防工业出版社，2012.

[3] 周东华，陈茂银，徐正国. 可靠性预测与最优维护技术 [M]. 合肥：中国科学技术大学出版社，2013.

[4] 张宝珍，李想，韩峰岩. 国外新一代战斗机综合保障工程实践 [M]. 北京：航空工业出版社，2014.

[5] 胡昌华，樊红东，王兆强. 设备剩余寿命预测与最优维修决策 [M]. 北京：国防工业出版社，2018.

[6] 王海峰. 战斗机保障性工程 [M]. 北京：国防工业出版社，2023.

[7] 陆宁云，陈闯，姜斌，等. 复杂系统维护策略最新研究进展：从视情维护到预测性维护 [J]. 自动化学报，2021，47（1）：1-17.

[8] Bevilacqua M，Braglia M. The analytic hierarchy process applied to maintenance strategy selection [J]. Reliability Engineering and System Safety，2000，70（1）：71-83.

[9] Heng A，Zhang S，Tan A C C，et al. Rotating machinery prognostics：State of the art，challenges and opportunities [J]. Mechanical Systems and Signal Processing，2009，23（3）：724-739.

[10] Selcuk S. Predictive maintenance，its implementation and latest trends [J]. Proceedings of the Institution of Mechanical Engineers，Part B：Journal of Engineering Manufacture，2017，231（9）：1670-1679.

[11] Do P，Voisin A，Levrat E，et al. A proactive condition-based maintenance strategy with both perfect and imperfect maintenance actions [J]. Reliability Engineering & System Safety，2015，133：22-32.

[12] Jardine A K S，Lin D，Banjevic D. A review on machinery diagnostics and prognostics implementing condition-based maintenance [J]. Mechanical Systems and Signal Processing，2006，20（7）：1483-1510.

[13] 张宝珍. 国外综合诊断、预测与健康管理技术的发展及应用 [J]. 计算机测量与控制，2008，16（05）：591-594.

[14] 张宝珍，王萍. 飞机 PHM 技术发展近况及在 F-35 应用中遇到的问题及挑战 [J]. 航空科学技术，2020，31（7）：18-26.

[15] 马小骏，左洪福，刘昕. 大型客机运行监控与健康管理系统设计 [J]. 交通运输工程学报，2011，11（6）：119-126.

[16] 佚名. 航天测控技术有限公司 PHM 系统正式搭载 C919 [J]. 计算机测量与控制，2016，24（8）：317.

[17] Zheng X，Fang H. An integrated unscented Kalman filter and relevance vector regression approach for lithium-ion battery remaining useful life and short-term capacity prediction [J]. Reliability Engineering & System Safety，2015，144：74-82.

[18] Wei J，Dong G，Chen Z. Remaining useful life prediction and state of health diagnosis for lithium-ion batteries using particle filter and support vector regression [J]. IEEE Transactions on Industrial Electronics，2017，65（7）：5634-5643.

[19] Li D，Wang W，Ismail F. A mutated particle filter technique for system state estimation and battery life prediction [J]. IEEE Transactions on Instrumentation and Measurement，2014，63（8）：2034-2043.

[20] Liu Z，Sun G，Bu S，et al. Particle learning framework for estimating the remaining useful life of

lithium-ion batteries [J]. IEEE Transactions on Instrumentation and Measurement, 2016, 66 (2): 280-293.

[21] Zhao F, Tian Z, Zeng Y. Uncertainty quantification in gear remaining useful life prediction through an integrated prognostics method [J]. IEEE Transactions on Reliability, 2012, 62 (1): 146-159.

[22] Gebraeel N, Lawley M, Li R, et al. Residual-life distributions from component degradation signals: A Bayesian approach [J]. IIE Transactions, 2005, 37 (6): 543-557.

[23] Kwon D, Azarian M, Pecht M. Detection of solder joint degradation using RF impedance analysis [C]. In Proceedings of 2008 58th Electronic Components and Technology Conference, Lake Buena Vista, FL, 2008: 606-610.

[24] Inoue Y, Hasegawa H, Sekito S, et al. Technology for detecting wet bars in water-cooled stator windings of turbine generators [C]. In Proceedings of IEEE International Electric Machines and Drives Conference, Madison, WI, USA, 2003, 2: 1337-1343.

[25] Ramasso E, Rombaut M, Zerhouni N. Prognostic by classification of predictions combining similarity-based estimation and belief functions [C]. In Proceedings of the 2nd International Conference on Belief Functions, Heidelberg, Berlin, Germany: Springer, 2012: 61-68.

[26] Javed K, Gouriveau R, Zerhouni N. A new multivariate approach for prognostics based on extreme learning machine and fuzzy clustering [J]. IEEE Transactions on Cybernetics, 2015, 45 (12): 2626-2639.

[27] Ramasso E, Rombaut M, Zerhouni N. Joint prediction of continuous and discrete states in time-series based on belief functions [J]. IEEE Transactions on Cybernetics, 2013, 43 (1): 37-50.

[28] Javed K, Gouriveau R, Zerhouni N. Novel failure prognostics approach with dynamic thresholds for machine degradation [C]. In Proceedings of IECON 2013-39th Annual Conference of the IEEE Industrial Electronics Society, Vienna, Australia, 2013: 4404-4409.

[29] Liu J, Wang W, Ma F, et al. A data-model-fusion prognostic framework for dynamic system state forecasting [J]. Engineering Applications of Artificial Intelligence, 2012, 25: 814-823.

[30] Qian Y, Yan R, Gao R. A multi-time scale approach to remaining useful life prediction in rolling bearing [J]. Mechanical Systems and Signal Processing, 2017, 83: 549-567.

[31] 袁烨, 张永, 丁汉. 工业人工智能的关键技术及其在预测性维护中的应用现状 [J]. 自动化学报, 2020, 46 (10): 2013-2030.

[32] 李常有. 维修决策理论研究及其在离心压缩机转子系统中的应用 [D]. 哈尔滨: 哈尔滨工业大学, 2009.

[33] Drinkwater R W, Hastings N A J. An economic replacement model [J]. Journal of the Operational Research Society, 1967, 18 (2): 121-138.

[34] Wang H. A survey of maintenance policies of deteriorating systems [J]. European Journal of Operational Research, 2002, 139 (3): 469-489.

[35] Nakagawa T, Osaki S. The optimum repair limit replacement policies [J]. Journal of the Operational Research Society, 1974, 25 (2): 311-317.

[36] Dohi T, Matsushima N, Kaio N, et al. Nonparametric repair-limit replacement policies with imperfect repair [J]. European Journal of Operational Research, 1997, 96 (2): 260-273.

[37] Koshimae H, Dohi T, Kaio N, et al. Graphical/statistical approach to repair limit replacement problem [J]. Journal of the Operations Research Society of Japan, 1996, 39 (2): 230-246.

[38] Makabe H, Morimura H. A new policy for preventive maintenance [J]. Journal of Operations Research Society of Japan, 1963, 5: 110-124.

[39] Morimura H. On some preventive maintenance policies for IFR [J]. Journal of the Operations Research Society of Japan, 1970, 12 (3): 94-124.

[40] Muth E J. An optimal decision rule for repair vs replacement [J]. IEEE Transactions on Reliability, 1977, 26 (3): 179-181.

[41] Makis V, Jardine A K S. Optimal replacement policy for a general model with imperfect repair [J]. Journal of the Operational Research Society, 1992, 43 (2): 111-120.

[42] Labib A W. A decision analysis model for maintenance policy selection using a CMMS [J]. Journal

of Quality in Maintenance Engineering，2004，10（3），191-202.

[43] Tam A S B，Chan W M，Price J W H. Optimal maintenance intervals for a multi-component system [J]. Production Planning and Control，2006，17（8）：769-779.

[44] Pintelon L，Waeyenbergh G. A practical approach to maintenance modelling [J]. Flexible Automation and Intelligent Manufacturing，1999：1109-1119.

[45] Waeyenbergh G，Pintelon L. A framework for maintenance concept development [J]. International Journal of Production Economics，2002，77（3）：299-313.

[46] Coria V H，Maximov S，Rivas-Dávalos F，et al. Analytical method for optimization of maintenance policy based on available system failure data [J]. Reliability Engineering & System Safety，2015，135：55-63.

[47] Chun Y H. Optimal number of periodic preventive maintenance operations under warranty [J]. Reliability Engineering & System Safety，1992，37（3）：223-225.

[48] Boland P J，Proschan F. Periodic replacement with increasing minimal repair costs at failure [J]. Operations Research，1982，30（6）：1183-1189.

[49] Borgonovo E，Marseguerra M，Zio E. A Monte Carlo methodological approach to plant availability modeling with maintenance，aging and obsolescence [J]. Reliability Engineering & System Safety，2000，67（1）：61-73.

[50] Shin J H，Jun H B. On condition based maintenance policy [J]. Journal of Computational Design and Engineering，2015，2（2）：119-127.

[51] 成国庆，周炳海，李玲. 劣化系统的生产、质量控制与视情维护联合建模与优化 [J]. 计算机集成制造系统，2019，25（7）：1620-1629.

[52] 周炳海，陶红玉，綦法群. 带随机突变的两阶段退化系统视情维修建模 [J]. 哈尔滨工业大学学报，2016，48（1）：87-93.

[53] 甘婕，张文宇，王磊，等. 两部件系统视情维修与生产调度的联合优化模型 [J]. 控制与决策，2021，36（6）：1377-1386.

[54] Chan G K，Asgarpoor S. Optimum maintenance policy with Markov processes [J]. Electric power systems research，2006，76（6-7）：452-456.

[55] Kurt M，Kharoufeh J P. Monotone optimal replacement policies for a Markovian deteriorating system in a controllable environment [J]. Operations Research Letters，2010，38（4）：273-279.

[56] 徐廷学，安进，张加平，等. 基于马尔科夫的装备状态维修决策模型 [J]. 火炮发射与控制学报，2018，39（3）：90-94.

[57] Chen D，Trivedi K S. Optimization for condition-based maintenance with semi-Markov decision process [J]. Reliability Engineering & System Safety，2005，90（1）：25-29.

[58] 苏春，周小荃. 基于半马尔科夫决策过程的风力机状态维修优化 [J]. 机械工程学报，2012，48（2）：44-49.

[59] Ye Y，Grossmann I E，Pinto J M，et al. Modeling for reliability optimization of system design and maintenance based on Markov chain theory [J]. Computers & Chemical Engineering，2019，124：381-404.

[60] Mercier S，Castro I T. Stochastic comparisons of imperfect maintenance models for a gamma deteriorating system [J]. European Journal of Operational Research，2019，273（1）：237-248.

[61] Cholette M E，Yu H，Borghesani P，et al. Degradation modeling and condition-based maintenance of boiler heat exchangers using gamma processes [J]. Reliability Engineering & System Safety，2019，183：184-196.

[62] Yuan X X，Higo E，Pandey M D. Estimation of the value of an inspection and maintenance program：A Bayesian gamma process model [J]. Reliability Engineering & System Safety，2021，216：107912.

[63] Guo C，Wang W，Guo B，et al. A maintenance optimization model for mission-oriented systems based on Wiener degradation [J]. Reliability Engineering & System Safety，2013，111：183-194.

[64] Li X，Ran Y，Wan F，et al. Condition-based maintenance strategy optimization of meta-action unit considering imperfect preventive maintenance based on Wiener process [J]. Flexible Services and Manufacturing Journal，2021：1-30.

［65］ Chen N，Ye Z S，Xiang Y，et al. Condition-based maintenance using the inverse Gaussian degradation model ［J］. European Journal of Operational Research，2015，243（1）：190-199.

［66］ 张新生，李亚云，王小完. 基于逆高斯过程的腐蚀油气管道维修策略［J］. 石油学报，2017，38（3）：356-362.

［67］ Ayvaz S，Alpay K. Predictive maintenance system for production lines in manufacturing：A machine learning approach using IoT data in real-time ［J］. Expert Systems with Applications，2021，173：114598.

［68］ Zonta T，da Costa C A，da Rosa Righi R，et al. Predictive maintenance in the Industry 4.0：A systematic literature review ［J］. Computers & Industrial Engineering，2020：106889.

［69］ Carvalho T P，Soares F A，Vita R，et al. A systematic literature review of machine learning methods applied to predictive maintenance ［J］. Computers & Industrial Engineering，2019，137：106024.

［70］ Zhang W，Yang D，Wang H. Data-driven methods for predictive maintenance of industrial equipment：A survey ［J］. IEEE Systems Journal，2019，13（3）：2213-2227.

［71］ 石慧，曾建潮. 考虑非完美维修的实时剩余寿命预测及维修决策模型［J］. 计算机集成制造系统，2014，20（9）：2259-2266.

［72］ 裴洪，胡昌华，司小胜，等. 不完美维护下基于剩余寿命预测信息的设备维护决策模型［J］. 自动化学报，2018，44（4）：719-729.

［73］ Nguyen K T P，Medjaher K. A new dynamic predictive maintenance framework using deep learning for failure prognostics ［J］. Reliability Engineering & System Safety，2019，188：251-262.

［74］ 胡昌华，施权，司小胜，等. 数据驱动的寿命预测和健康管理技术研究进展［J］. 信息与控制，2017，46（1）：72-82.

［75］ 赵珍，王福利，贾明兴，等. 缓变故障的概率故障预测方法研究［J］. 控制与决策，2010，25（4）：572-576.

［76］ Javed K，Gouriveau R，Zerhouni N. State of the art and taxonomy of prognostics approaches，trends of prognostics applications and open issues towards maturity at different technology readiness levels ［J］. Mechanical Systems and Signal Processing，2017，94：214-236.

［77］ Xia T，Dong Y，Xiao L，et al. Recent advances in prognostics and health management for advanced manufacturing paradigms ［J］. Reliability Engineering&System Safety，2018，178：255-268.

［78］ Sankararaman S. Significance，interpretation，and quantification of uncertainty in prognostics and remaining useful life prediction ［J］. Mechanical Systems and Signal Processing，2016，52：228-247.

［79］ Wang C，Lu N，Cheng Y，et al. A data-driven aero-engine degradation prognostic strategy ［J］. IEEE Transactions on Cybernetics，2021，51（3）：1531-1541.

［80］ Gautheir T. Detecting trends using Spearman's rank correlation coefficient ［J］. Environmental Forensics，2001，2（4）：359-362.

［81］ Horn D，Axel I. Novel clustering algorithm for microarray expression data in a truncated SVD space ［J］. Bioinformatics，2003，19（9）：1110-1115.

［82］ Zhou Z，Feng J. Deep forest：towards an alternative to deep neural networks ［C］. In Proceedings of the 26th International Joint Conference on Artificial Intelligence，Melbourne，Australia，2017：3553-3559.

［83］ NASA. Prognostics Data Repository ［DS/OL］. （2018-10-30）［2024-5-16］. https：//ti. arc. nasa. gov/tech/dash/groups/pcoe/prognostic-data-repository/.

［84］ Saxena A，Goebel K，Simon D，et al. Damage propagation modeling for aircraft engine run-to-failure simulation ［C］. In Proceedings of the 2008 International Prognostics and Health Management，Denver，CO，USA：IEEE，2008：1-9.

［85］ Frederick D，DeCastro J，Litt J. User's guide for the commercial modular aero-propulsion system simulation （C-MAPSS）［Z］. NASA/ARL Technical Manual TM2007-215026，2007.

［86］ Wang P，Youn B，Hu C. A generic probabilistic framework for structural health prognostics and uncertainty management ［J］. Mechanical Systems and Signal Processing，2012，28（2）：

622-637.

[87] Khelif R, Chebel-Morello B, Malinowski S, et al. Direct remaining useful life estimation based on support vector regression [J]. IEEE Transactions on Industrial Electronics, 2017, 64 (3): 2276-2285.

[88] Zhou H, Huang J, Lu F. Reduced kernel recursive least squares algorithm for aero-engine degradation prediction [J]. Mechanical Systems and Signal Processing, 2017, 95: 446-467.

[89] You M, Meng G. A framework of similarity-based residual life prediction approaches using degradation histories with failure, preventive maintenance, and suspension events [J]. IEEE Transactions on Reliability, 2013, 62 (1): 127-135.

[90] Zhang C, Lim P, Qin A, et al. Multiobjective deep belief networks ensemble for remaining useful life estimation in prognostics [J]. IEEE Transactions on Neural Networks and Learning Systems, 2016, 28 (10): 2306-2318.

[91] Wang T. Trajectory similarity based prediction for remaining useful life estimation [D]. Cincinnati: University of Cincinnati, 2010.

[92] 陈海燕, 刘晨晖, 孙博. 时间序列数据挖掘的相似性度量综述 [J]. 控制与决策, 2017, 32 (1): 1-11.

[93] 张妍, 王村松, 陆宁云, 等. 基于退化特征相似性的寿命预测方法. 系统工程与电子技术, 2019, 41 (6): 1414-1421.

[94] Elgammal A, Duraiswami R, Harwood D, et al. Background and foreground modeling using non-parametric kernel density estimation for visual surveillance [J]. Proc IEEE, 2002, 90 (7): 1151-1163.

[95] Sheather S, Jones M. A reliable data-based bandwidth selection method for kernel density estimation [J]. Journal of the Royal Statistical Society, 1991, 53 (3): 683-690.

[96] Li Y, Lu N, Wang X, et al. Islanding fault detection based on data-driven approach with active developed reactive power variation [J]. Neurocomputing, 2019, 337: 97-109.

[97] Yang Z, Chen Y X, Li Y F, et al. Smart electricity meter reliability prediction based on accelerated degradation testing and modeling [J]. International Journal of Electrical Power & Energy Systems, 2014, 56: 209-219.

[98] Li X Y, Wu J P, Ma H G, et al. A random fuzzy accelerated degradation model and statistical analysis [J]. IEEE Transactions on Fuzzy Systems, 2018, 26 (3): 1638-1650.

[99] Liu L, Li X Y, Zio E, et al. Model uncertainty in accelerated degradation testing analysis [J]. IEEE Transactions on Reliability, 2017, 66 (3): 603-615.

[100] Peng C Y, Tseng S T. Mis-specification analysis of linear degradation models [J]. IEEE Transactions on Reliability, 2009, 58 (3): 444-455.

[101] Compare M, Baraldi P, Bani I, et al. Development of a Bayesian multi-state degradation model for up-to-date reliability estimations of working industrial components [J]. Reliability Engineering & System Safety, 2017, 166: 25-40.

[102] Park C, Padgett W J. Accelerated degradation models for failure based on geometric Brownian motion and gamma processes [J]. Lifetime Data Analysis, 2005, 11: 511-527.

[103] Tseng S T, Wen Z C. Step-stress accelerated degradation analysis for highly reliable products [J]. Journal of Quality Technology, 2000, 32 (3): 209-216.

[104] Peng C Y, Tseng S T. Progressive-stress accelerated degradation test for highly-reliable products [J]. IEEE Transactions on Reliability, 2010, 59 (1): 30-37.

[105] Liu B, Liu Y K. Expected value of fuzzy variable and fuzzy expected value models [J]. IEEE Transactions on Fuzzy Systems, 2002, 10 (4): 445-450.

[106] Chen C, Lu N, Jiang B, et al. A risk-averse remaining useful life estimation for predictive maintenance [J]. IEEE/CAA Journal of Automatica Sinica, 2021, 8 (2): 412-422.

[107] Drucker H, Burges C J C, Kaufman L, et al. Support vector regression machines [J]. Advances in Neural Information Processing Systems, 1997, 9: 155-161.

[108] Kaza N, Towe C, Ye X. A hybrid land conversion model incorporating multiple end uses [J]. Agricultural and Resource Economics Review, 2011, 40 (3): 341-359.

[109] Chen C，Lu N，Wang L，et al. Intelligent selection and optimization method of feature variables in fluid catalytic cracking gasoline refining process [J]. Computers & Chemical Engineering，2021，150：107336.

[110] Mirjalili S，Mirjalili S M，Lewis A. Grey wolf optimizer [J]. Advances in Engineering Software，2014，69：46-61.

[111] 陈闯，Ryad Chellali，邢尹. 改进遗传算法优化 BP 神经网络的语音情感识别 [J]. 计算机应用研究，2019，36 (2)：344-346，361.

[112] Heimes F O. Recurrent neural networks for remaining useful life estimation [C]. In Proceedings of 2008 International Conference on Prognostics and Health Management，IEEE，2008：1-6.

[113] Precup R E，David R C，Petriu E M. Grey wolf optimizer algorithm-based tuning of fuzzy control systems with reduced parametric sensitivity [J]. IEEE Transactions on Industrial Electronics，2016，64 (1)：527-534.

[114] Chen C，Lu N，Jiang B，et al. Prediction interval estimation of aero-engine remaining useful life based on bidirectional long short-term memory network [J]. IEEE Transactions on Instrumentation and Measurement，2021，70：3527213.

[115] Shrivastava N A，Khosravi A，Panigrahi B K. Prediction interval estimation of electricity prices using PSO-tuned support vector machines [J]. IEEE Transactions on Industrial Informatics，2015，11 (2)：322-331.

[116] Wu K L，Yang M S. Alternative c-means clustering algorithms [J]. Pattern recognition，2002，35 (10)：2267-2278.

[117] Rudin W. Principles of mathematical analysis [M]. New York：McGraw-Hill Book Company，1976.

[118] Qin J，Fu W，Gao H，et al. Distributed k-means algorithm and fuzzy c-means algorithm for sensor networks based on multiagent consensus theory [J]. IEEE Transactions on Cybernetics，2016，47 (3)：772-783.

[119] Huang C G，Huang H Z，Li Y F. A bidirectional LSTM prognostics method under multiple operational conditions [J]. IEEE Transactions on Industrial Electronics，2019，66 (11)：8792-8802.

[120] Elsheikh A，Yacout S，Ouali M S. Bidirectional handshaking LSTM for remaining useful life prediction [J]. Neurocomputing，2019，323：148-156.

[121] Xia T，Song Y，Zheng Y，et al. An ensemble framework based on convolutional bi-directional LSTM with multiple time windows for remaining useful life estimation [J]. Computers in Industry，2020，115：103182.

[122] 宋亚，夏唐斌，郑宇，等. 基于 Autoencoder-BLSTM 的涡扇发动机剩余寿命预测 [J]. 计算机集成制造系统，2019，25 (7)：1611-1619.

[123] Shrestha D L，Solomatine D P. Machine learning approaches for estimation of prediction interval for the model output [J]. Neural Networks，2006，19 (2)：225-235.

[124] Wu B，Tian Z，Chen M. Condition-based maintenance optimization using neural network-based health condition prediction [J]. Quality and Reliability Engineering International，2013，29 (8)：1151-1163.

[125] Afshari-Igder M，Niknam T，Khooban M H. Probabilistic wind power forecasting using a novel hybrid intelligent method [J]. Neural Computing and Applications，2018，30 (2)：473-485.

[126] Wang Y，Tang H，Wen T，et al. A hybrid intelligent approach for constructing landslide displacement prediction intervals [J]. Applied Soft Computing，2019，81：105506.

[127] Shrivastava N A，Panigrahi B K. Point and prediction interval estimation for electricity markets with machine learning techniques and wavelet transforms [J]. Neurocomputing，2013，118：301-310.

[128] Khosravi A，Nahavandi S，Creighton D，et al. Lower upper bound estimation method for construction of neural network-based prediction intervals [J]. IEEE Transactions on Neural Networks，2010，22 (3)：337-346.

[129] Zou F，Shen L，Jie Z，et al. A sufficient condition for convergences of Adam and RMSProp [C]. In Proceedings of the IEEE/CVF Conference on Computer Vision and Pattern Recognition，2019：11127-11135.

[130] Cai H，Jia X，Feng J，et al. A similarity based methodology for machine prognostics by using kernel two sample test [J]. ISA Transactions，2020，103：112-121.

[131] Zhang B，Wang D，Song W，et al. An interval-valued prediction method for remaining useful life of aero engine [C]. In Proceedings of 2020 39th Chinese Control Conference (CCC)，IEEE，2020：5790-5795.

[132] Lins I D，Droguett E L，das Chagas Moura M，et al. Computing confidence and prediction intervals of industrial equipment degradation by bootstrapped support vector regression [J]. Reliability Engineering & System Safety，2015，137：120-128.

[133] Wu Y K，Su P E，Wu T Y，et al. Probabilistic wind-power forecasting using weather ensemble models [J]. IEEE Transactions on Industry Applications，2018，54 (6)：5609-5620.

[134] Khosravi A，Nahavandi S，Creighton D，et al. Comprehensive review of neural network-based prediction intervals and new advances [J]. IEEE Transactions on Neural Networks，2011，22 (9)：1341-1356.

[135] Ma J，Tang H，Liu X，et al. Probabilistic forecasting of landslide displacement accounting for epistemic uncertainty：a case study in the Three Gorges Reservoir area，China [J]. Landslides，2018，15 (6)：1145-1153.

[136] Bijak J，Alberts I，Alho J，et al. Letter to the Editor：Probabilistic population forecasts for informed decision making [J]. Journal of Official Statistics，2015，31 (4)：537-544.

[137] Chen C，Wang C，Lu N，et al. A data-driven predictive maintenance strategy based on accurate failure prognostics [J]. Eksploatacja i Niezawodnosc-Maintenance and Reliability，2021，23 (2)：387-394.

[138] 郭庆，李印龙. 基于气路参数融合的涡扇发动机性能退化预测 [J]. 航空动力学报，2021，36 (11)：2251-2260.

[139] 张永，龚众望，郑英，等. 工业设备的健康状态评估和退化趋势预测联合研究 [J]. 中国科学：技术科学，2022，52 (1)：180-197.

[140] Gouriveau R，Zerhouni N. Connexionist-systems-based long term prediction approaches for prognostics [J]. IEEE Transactions on Reliability，2012，61 (4)：909-920.

[141] Nguyen K T P，Fouladirad M，Grall A. New methodology for improving the inspection policies for degradation model selection according to prognostic measures [J]. IEEE Transactions on Reliability，2018，67 (3)：1269-1280.

[142] Chen C，Zhu Z H，Shi J，et al. Dynamic predictive maintenance scheduling using deep learning ensemble for system health prognostics [J]. IEEE Sensors Journal，2021，21 (23)：26878-26891.

[143] Hinton G E，Salakhutdinov R R. Reducing the dimensionality of data with neural networks [J]. Science，2006，313 (5786)：504-507.

[144] 来杰，王晓丹，向前，等. 自编码器及其应用综述 [J]. 通信学报，2021，42 (9)：218-230.

[145] Shao H，Jiang H，Zhao H，et al. A novel deep autoencoder feature learning method for rotating machinery fault diagnosis [J]. Mechanical Systems and Signal Processing，2017，95：187-204.

[146] Horiguchi S，Ikami D，Aizawa K. Significance of softmax-based features in comparison to distance metric learning-based features [J]. IEEE Transactions on Pattern Analysis and Machine Intelligence，2020，42 (5)：1279-1285.

[147] Chen Z，Wu M，Zhao R，et al. Machine remaining useful life prediction via an attention-based deep learning approach [J]. IEEE Transactions on Industrial Electronics，2021，68 (3)：2521-2531.

[148] Wu Y，Yuan M，Dong S，et al. Remaining useful life estimation of engineered systems using vanilla LSTM neural networks [J]. Neurocomputing，2018，275：167-179.

[149] Chen C，Shi J，Shen M，et al. A predictive maintenance strategy using deep learning quantile regression and kernel density estimation for failure prediction [J]. IEEE Transactions on Instrumentation and Measurement，2023，72：3506512.

[150]　张卫贞，曾建潮，石慧，等．基于核密度估计的实时剩余寿命预测［J］．计算机集成制造系统，2020，26（7）：1794-1801.

[151]　Peng X，Wang H，Lang J，et al．EALSTM-QR：Interval wind-power prediction model based on numerical weather prediction and deep learning［J］．Energy，2021，220：119692.

[152]　Yu H，Chen C，Lu N，et al．Deep auto-encoder and deep forest-assisted failure prognosis for dynamic predictive maintenance scheduling［J］．Sensors，2021，21（24）：8373.

[153]　李丹，张远航，杨保华，等．基于约束并行LSTM分位数回归的短期电力负荷概率预测方法［J］．电网技术，2021，45（4）：1356-1364.

[154]　Pan C，Tan J，Feng D．Prediction intervals estimation of solar generation based on gated recurrent unit and kernel density estimation［J］．Neurocomputing，2021，453：552-562.

[155]　Silverman B W．Density Estimation for Statistics and Data Analysis［M］．London，UK：Chapman & Hall，1986.

[156]　Armstrong M J，Atkins D R．Joint optimization of maintenance and inventory policies for a simple system［J］．IIE Transactions，1996，28（5），415-424.

[157]　Fakhry M，Brery A F．A comparison study on training optimization algorithms in the biLSTM neural network for classification of PCG signals［C］．In Proceedings of 2022 2nd International Conference on Innovative Research in Applied Science，Engineering and Technology（IRASET），2022：1-6.

[158]　Wu S M，Castro I T．Maintenance policy for a system with a weighted linear combination of degradation processes［J］．European Journal of Operational Research，2020，280：124-133.

[159]　Peng Y，Dong M，Zuo M J．Current status of machine prognostics in condition-based maintenance：a review［J］．International Journal of Advanced Manufacturing Technology，2010，50：297-313.

[160]　Yang L，Ye Z，Lee C G，et al．A two-phase preventive maintenance policy considering imperfect repair and postponed replacement［J］．European Journal of Operational Research，2019，274：966-977.

[161]　Marseguerra M，Zio E，Podollini L．Condition-based maintenance optimization by means of genetic algorithms and Monte Carlo simulation［J］．Reliability Engineering and System Safety，2002，77：151-166.

[162]　Driessena J P C，Peng H，van Houtuma G J．Maintenance optimization under non-constant probabilities of imperfect inspections［J］．Reliability Engineering & System Safety，2017，165：115-123.

[163]　Khatab A，Diallo C，Aghezzaf E，et al．Condition-based selective maintenance for stochastically degrading multi-component systems under periodic inspection and imperfect maintenance［J］．Proceedings of the Institution of Mechanical Engineers Part O：Journal of Risk and Reliability，2018，232（4）：447-463.

[164]　Liu B，Xie M，Xu Z G，et al．An imperfect maintenance policy for mission-oriented systems subject to degradation and external shocks［J］．Computers & Industrial Engineering，2016，102：21-32.

[165]　Ai Q，Yuan Y，Shen S L，et al．Investigation on inspection scheduling for the maintenance of tunnel with different degradation modes［J］．Tunnelling and Underground Space Technology，2020，106：103589.

[166]　Grall A，Dieulle L，Berenguer C，et al．Continuous-time predictive-maintenance scheduling for a deteriorating system［J］．IEEE Transactions on Reliability，2002，51（2）：141-150.

[167]　Li Y，Shi Y，Zhang Z，et al．Condition-based maintenance for performance degradation under nonperiodic unreliable inspections［J］．IEEE Transactions on Artificial Intelligence，2023，4（4）：709-721.

[168]　姜斌，陈宏田，易辉，等．数据驱动高速列车动态牵引系统的故障诊断［J］．中国科学：信息科学，2020，50（4）：496-510.

[169] 王秀丽，姜斌，陆宁云. 基于相关向量机的高速列车牵引系统剩余寿命预测 [J]. 自动化学报，2019，45 (12)：2303-2311.

[170] 王村松，陆宁云，程月华，等. 基于无标签、不均衡、初值不确定数据的设备健康评估方法 [J]. 控制与决策，2020，35 (11)：2687-2695.

[171] 陈闯，陆宁云，姜斌，等. 单部件加速退化系统的视情维修策略优化 [J]. 系统工程与电子技术，2020，42 (3)：613-619.

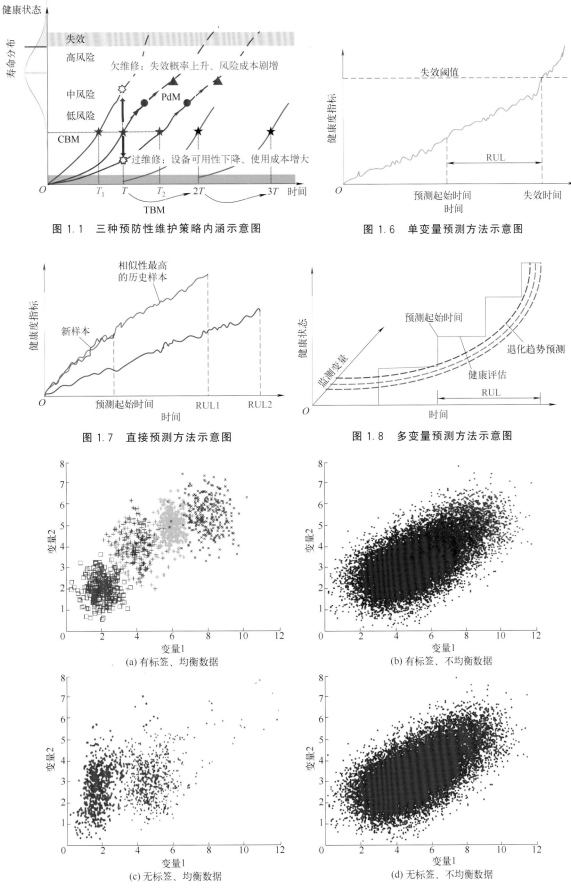

图 1.1　三种预防性维护策略内涵示意图

图 1.6　单变量预测方法示意图

图 1.7　直接预测方法示意图

图 1.8　多变量预测方法示意图

(a) 有标签、均衡数据

(b) 有标签、不均衡数据

(c) 无标签、均衡数据

(d) 无标签、不均衡数据

图 2.2　数据驱动模型中建模数据集的基本特性

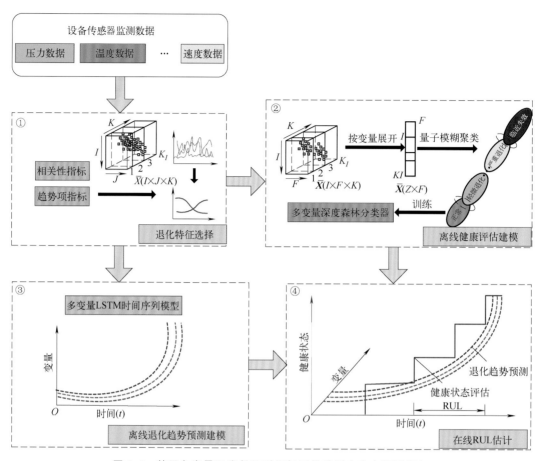

图 2.4　基于多变量深度长短时记忆网络的剩余寿命预测框架

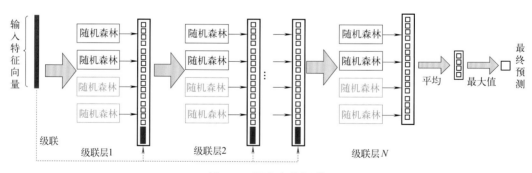

图 2.8　深度森林级联

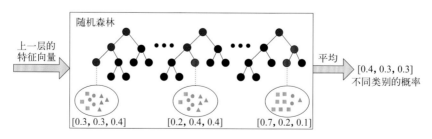

图 2.9　深度森林的概率结果示意

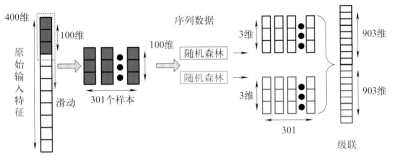

图 2.10　多粒度扫描示意

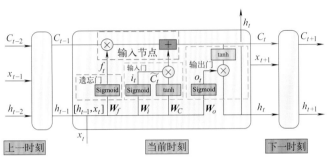

图 2.12　LSTM 网络基本结构

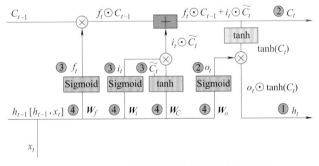

图 2.13　LSTM 网络反向传播误差计算示意

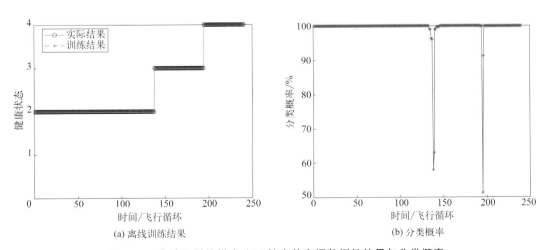

(a) 离线训练结果

(b) 分类概率

图 2.20　发动机训练样本 ♯81 健康状态评估训练结果与分类概率

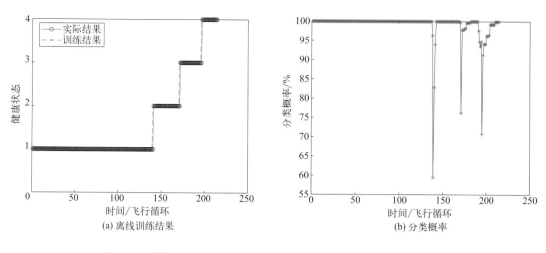

(a) 离线训练结果   (b) 分类概率

图 2.21　发动机训练样本♯82 健康状态评估训练结果与分类概率

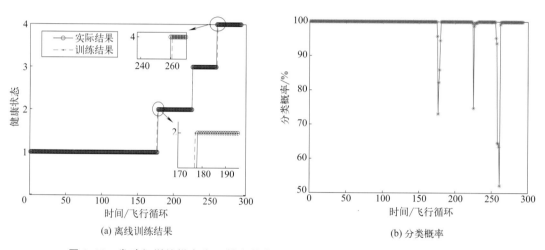

(a) 离线训练结果   (b) 分类概率

图 2.22　发动机训练样本♯83 健康状态评估训练结果（深度森林）与分类概率

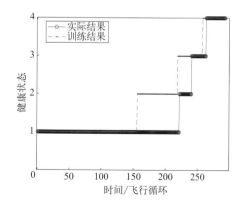

图 2.23　发动机训练样本♯83
健康状态评估训练结果（ANN）

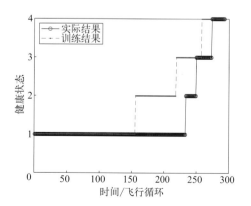

图 2.24　发动机训练样本♯83
健康状态评估训练结果（SVM）

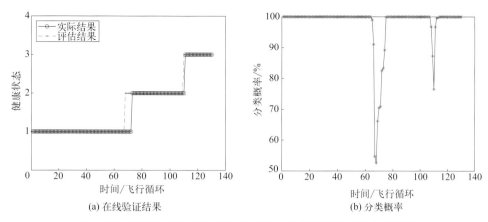

(a) 在线验证结果

(b) 分类概率

图 2.25　发动机训练样本♯93 健康状态在线验证结果及分类概率

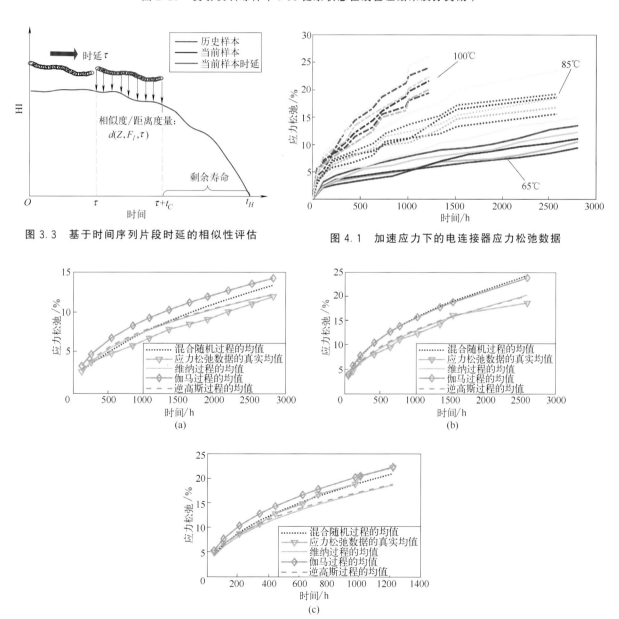

图 3.3　基于时间序列片段时延的相似性评估

图 4.1　加速应力下的电连接器应力松弛数据

(a)

(b)

(c)

图 4.6　应力在 (a) 65℃、(b) 85℃、(c) 100℃下的退化趋势

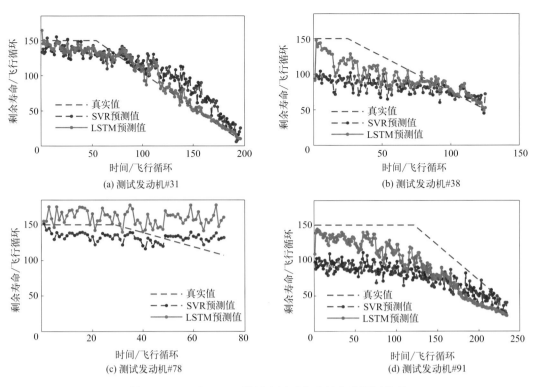

图 5.6　SVR 和 LSTM 模型在测试集上的部分预测结果

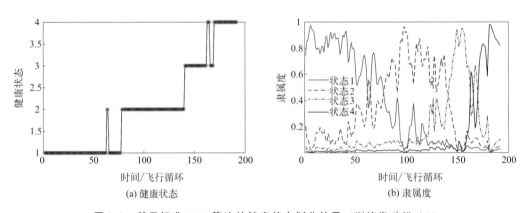

图 6.8　基于标准 FCM 算法的健康状态划分结果（训练发动机♯1）

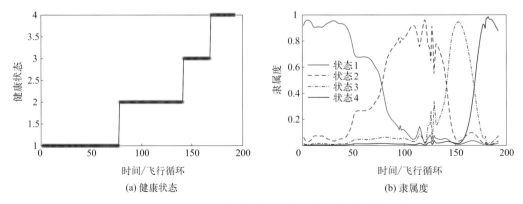

图 6.9　基于增强 FCM 算法的健康状态划分结果（训练发动机♯1）

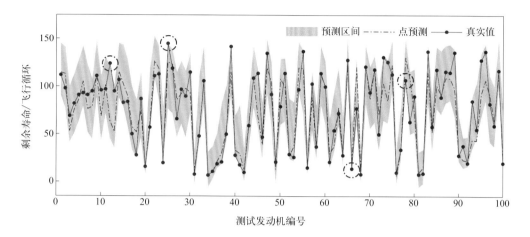

图 6.14 确定性剩余寿命点预测与预测区间估计结果比较

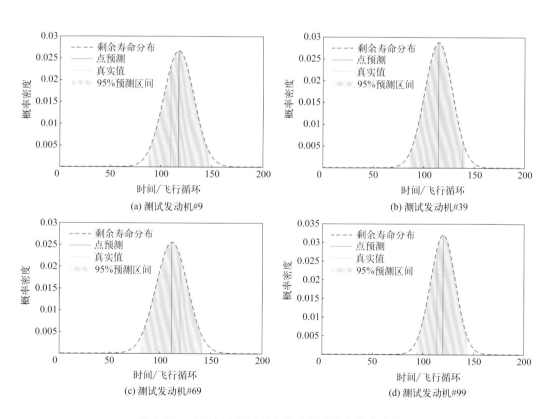

(a) 测试发动机#9

(b) 测试发动机#39

(c) 测试发动机#69

(d) 测试发动机#99

图 6.15 对于部分测试样本构建的剩余寿命分布结果

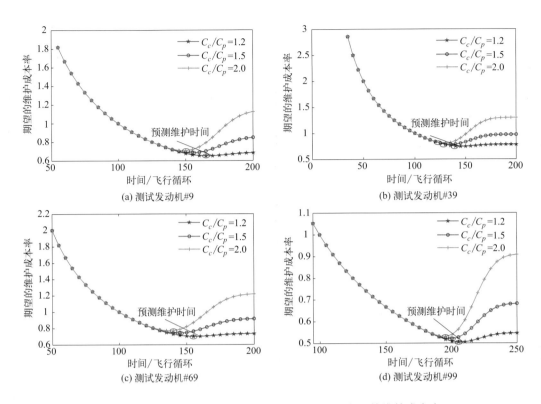

图 6.16 不同预防性与修复性成本结构场景下期望的维护成本率

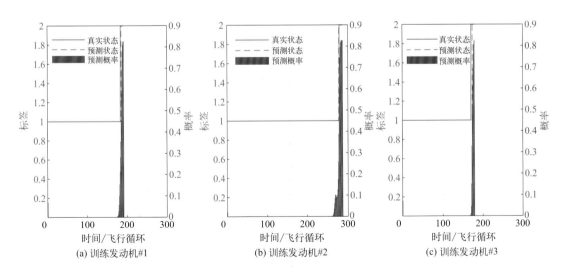

图 7.8 训练发动机♯1、♯2 和♯3 的离线失效概率估计结果